新版
電子物性

松澤剛雄・高橋 清・斉藤幸喜 共著

森北出版株式会社

● 本書のサポート情報を当社Webサイトに掲載する場合があります．下記のURLにアクセスし，サポートの案内をご覧ください．

https://www.morikita.co.jp/support/

● 本書の内容に関するご質問は，森北出版 出版部「(書名を明記)」係宛に書面にて，もしくは下記のe-mailアドレスまでお願いします．なお，電話でのご質問には応じかねますので，あらかじめご了承ください．

editor@morikita.co.jp

● 本書により得られた情報の使用から生じるいかなる損害についても，当社および本書の著者は責任を負わないものとします．

■ 本書に記載している製品名，商標および登録商標は，各権利者に帰属します．

■ 本書を無断で複写複製（電子化を含む）することは，著作権法上での例外を除き，禁じられています．複写される場合は，そのつど事前に (一社)出版者著作権管理機構（電話03-5244-5088，FAX03-5244-5089，e-mail:info@jcopy.or.jp）の許諾を得てください．また本書を代行業者等の第三者に依頼してスキャンやデジタル化することは，たとえ個人や家庭内での利用であっても一切認められておりません．

新版への序文

　初版の発行から 10 年以上が経過し，加筆・修正が必要な点がいくつか見られたため，この度，改訂することとしました．特に，初学者へ配慮し，初出語句に関する説明を加え，章末問題の解答を詳細に記述しました．また，判型を一回り大きな菊判とし，図も描き直したため，より見やすくなっていると思います．

　本書が電子物性を学ぶ方にとっての一助となれば幸いです．

　最後に，本書の執筆に際して尽力いただいた森北出版の水垣偉三夫氏に深く感謝いたします．

2010 年 1 月

著　者

序　文

　物性物理学の重要性はここであらためて述べるまでもないであろう．現代生活において人工的に製作された材料を利用していないものはほとんどないといってもよい．また，今後の科学技術の発展のためには，新しい機能性を持った新材料の開発が必要不可欠である．

　このような中で，ほとんどの大学の理工系の学部においては，物性科学の講義が学部の2～3年次で行われている．著者らは，大学において物性科学の講義を行っているが，大学学部で教科書として使用するのに適したものとして，物性科学の基礎を一通り網羅し，図面を多くまた演習問題を付けて，重要な要点だけをわかりやすく説明するという方針で執筆したのが本書である．このような方針から，本書では図面を二色刷りとし，重要な公式は四角の枠で囲むことにした．

　本書の第1章から第6章までを前期で，残りの第7章から第12章までを後期で講義できるように全体の配分を決めた．学部低学年の学生にとって，特にわかりにくいのは量子力学である．そこで，本書では第4章までは量子力学をまったく使わないで説明した．第5章において，電子物性を理解する上で必要最小限の量子力学の知識を概説した．以下の章は，ここで説明した量子力学の知識があれば読めるようになっている．最後の第12章は，数年前から注目を集めている固体の量子効果についての説明にあてた．今後の材料科学およびエレクトロニクスの発展においては，非常に重要なテーマの一つであると考えられる．

　本書の執筆にあたり，内外の多くの著書を参考にさせていただいた．これらの著者の方々に，心から謝意を表します．

　最後に，本書の執筆に際してご尽力いただきました森北出版の多田夕樹夫氏に感謝の意を表します．

1994年10月

　　　　　　　　　　　　　　　　　　　　　　　　　　　　　　　　　　　著　者

目　　次

第1章　結　晶　構　造　　1

1.1　結晶の結合力 …………………………………………………………　1
　　1.1.1　イオン結合　2
　　1.1.2　共有結合　3
　　1.1.3　金属結合　4
　　1.1.4　ファン・デル・ワールス結合　5
1.2　空　間　格　子 …………………………………………………………　5
1.3　格子方向と格子面 ……………………………………………………　6
1.4　ブラベー格子 …………………………………………………………　8
1.5　代表的な結晶構造 ……………………………………………………　9
1.6　X線回折と結晶構造 …………………………………………………　12
演習問題 1 …………………………………………………………………　13

第2章　格　子　振　動　　14

2.1　同種原子からなる1次元格子振動 …………………………………　14
2.2　2種類の原子からなる1次元格子振動 ……………………………　17
2.3　格子振動の量子化 ……………………………………………………　20
演習問題 2 …………………………………………………………………　21

第3章　固体の熱的性質　　22

3.1　固体の比熱 ……………………………………………………………　22
　　3.1.1　古　典　論　22
　　3.1.2　アインシュタインの理論　23
　　3.1.3　デバイの理論　24
3.2　固体の熱伝導 …………………………………………………………　27

演習問題 3 ……………………………………………………………… 28

第4章　古典的電子伝導モデル　　　　　　　　　　　　　　29

4.1　自 由 電 子 ……………………………………………………… 29
4.2　ドリフト速度，緩和時間，移動度 …………………………… 30
4.3　合成緩和時間，合成抵抗率 …………………………………… 32
演習問題 4 ……………………………………………………………… 34

第5章　量子力学の基礎　　　　　　　　　　　　　　　　　　35

5.1　物質の粒子性と波動性 ………………………………………… 35
5.2　不確定性原理 …………………………………………………… 36
5.3　シュレディンガーの波動方程式 ……………………………… 37
5.4　井戸型ポテンシャル …………………………………………… 38
5.5　トンネル効果 …………………………………………………… 39
5.6　水 素 原 子 ……………………………………………………… 41
演習問題 5 ……………………………………………………………… 44

第6章　固体のエネルギーバンド理論　　　　　　　　　　　　45

6.1　金属の自由電子モデル ………………………………………… 45
6.2　フェルミ・ディラック分布 …………………………………… 49
6.3　金属の電子密度分布とフェルミレベル ……………………… 50
6.4　クローニッヒ・ペニーのモデル ……………………………… 52
6.5　結晶内における電子の運動 …………………………………… 56
　　6.5.1　運動方程式　56
　　6.5.2　理想結晶内での電子の運動　58
　　6.5.3　実際の結晶内での電子の運動　58
　　6.5.4　正　　孔　59
6.6　金属，半導体，絶縁体のバンド構造 ………………………… 60
演習問題 6 ……………………………………………………………… 62

第 7 章 　半 導 体　　　　　　　　　　　　　　　　　　63

- 7.1　真性半導体 …………………………………………………… 63
- 7.2　不純物半導体 ………………………………………………… 66
  - 7.2.1　n 型半導体　66
  - 7.2.2　p 型半導体　68
  - 7.2.3　キャリア密度の温度依存性　69
- 7.3　ホール効果 …………………………………………………… 72
- 7.4　ダイオードとトランジスタ ………………………………… 74
  - 7.4.1　pn 接合ダイオード　74
  - 7.4.2　バイポーラトランジスタ　78
  - 7.4.3　電界効果トランジスタ　78
- 演習問題 7 …………………………………………………………… 79

第 8 章 　固体の光学的性質　　　　　　　　　　　　　　　81

- 8.1　光の吸収と反射 ……………………………………………… 81
  - 8.1.1　吸収係数，反射係数　81
  - 8.1.2　吸収機構の概観　82
  - 8.1.3　基礎吸収　83
- 8.2　光導電効果 …………………………………………………… 86
- 8.3　太陽電池 ……………………………………………………… 86
- 8.4　半導体レーザ ………………………………………………… 88
- 演習問題 8 …………………………………………………………… 90

第 9 章 　誘 電 体　　　　　　　　　　　　　　　　　　　91

- 9.1　誘電率と分極 ………………………………………………… 91
- 9.2　局所電界 ……………………………………………………… 93
  - 9.2.1　巨視的電界と局所電界　93
  - 9.2.2　ローレンツ電界　93
- 9.3　電気分極の機構 ……………………………………………… 95
  - 9.3.1　電子分極　95
  - 9.3.2　イオン分極　96

9.3.3　双極子分極 (配向分極)　97
9.4　誘 電 分 散 ……………………………………………………… 100
演習問題 9 ……………………………………………………………… 101

第 10 章　磁 性 体　102

10.1　磁化率と透磁率 ………………………………………………… 102
10.2　磁性の根源 ……………………………………………………… 103
　10.2.1　電子の軌道運動による磁気モーメント　103
　10.2.2　電子のスピンによる磁気モーメント　104
　10.2.3　フントの規則　105
10.3　磁性体の分類とそれらの応用 ………………………………… 105
　10.3.1　反 磁 性 体　106
　10.3.2　常 磁 性 体　107
　10.3.3　強 磁 性 体　107
　10.3.4　反強磁性体　110
　10.3.5　フェリ磁性体　110
演習問題 10 …………………………………………………………… 112

第 11 章　超 伝 導 体　113

11.1　超伝導現象 ……………………………………………………… 113
　11.1.1　完全導電性　113
　11.1.2　マイスナー効果　114
11.2　超伝導の原因 …………………………………………………… 115
11.3　超伝導材料と応用 ……………………………………………… 117
　11.3.1　超伝導材料　117
　11.3.2　超伝導送電　118
　11.3.3　超伝導マグネット　118
　11.3.4　ジョセフソン効果　119
11.4　高温超伝導体 …………………………………………………… 121
演習問題 11 …………………………………………………………… 123

第 12 章　固体の量子効果　124

12.1　量子井戸構造　124
  12.1.1　1 次元量子井戸　126
  12.1.2　2 次元量子井戸 (量子細線)　128
  12.1.3　3 次元量子井戸 (量子箱)　128
12.2　超　格　子　129
  12.2.1　超格子の分類　129
  12.2.2　超格子の電子構造　131
演習問題 12　133

演習問題解答　134

付　　録　144

1. 基礎物理定数表　144
2. 単位の接頭記号　144
3. ギリシャ文字　144
4. 元素の周期表　145
5. 元素の電子配置　146
6. 電磁波とエネルギーの換算表　148

参 考 文 献　149

さ く い ん　150

第1章

結晶構造

結晶内部ではその構成原子が規則正しく配列しており，かつ同一のパターンの繰り返しにより結晶全体の配列を作っている．本章では，まず原子間に働く力について定性的に調べ，次に理想結晶中の粒子配置の規則性が空間格子によって表されることを説明する．さらに，いくつかの代表的な結晶の構造について述べ，原子配列を調べる方法として X 線回折法を説明する．

1.1 結晶の結合力

まず，個々の結合の形を問題にする前に，どんな種類の力が結合に関与しているかを考える．吸引力は，万有引力や正・負に帯電した物質同士のクーロン引力で代表され，これらの場合には，ポテンシャルは2つの原子間の距離 r に反比例する．また，原子間距離が小さくなると，それぞれの原子の閉殻電子雲による反発力が現れる．ここで，閉殻については 5.6 節で説明するが，量子数で決まる電子軌道に電子が完全に詰まった状態のことである．これらを模式的に書くと，図 1.1 のようになり，次式で表される．

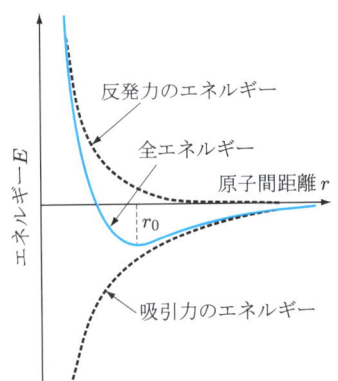

■ 図 1.1 原子間距離によるエネルギーの変化

$$E = -\frac{\alpha}{r^n} + \frac{\beta}{r^m} \tag{1.1}$$

右辺第1項は吸引力のエネルギー，第2項は反発力のエネルギーを表す．ここで，r は原子間距離，n, m, α, β は力の強さを決める任意の正の定数である．

式 (1.1) で r に対して E が極小値をとるのは $m > n$ が満足されるときである．すなわち，反発力が吸引力より高い割合で変わることであり，このことは図 1.1 からも定性的に判断できる．このとき，両原子が最も安定に結合する場合の原子間距離 r_0 は，

$$\frac{dE}{dr} = \frac{\alpha n}{r^{n+1}} - \frac{\beta m}{r^{m+1}} = 0 \tag{1.2}$$

より，

$$r_0 = \left(\frac{\beta m}{\alpha n}\right)^{\frac{1}{m-n}} \tag{1.3}$$

となる．

1.1.1 イオン結合

イオン結合とは，陽イオンになりやすい原子と陰イオンになりやすい原子との間のクーロン引力による結合である．イオン結合による代表的な結晶は，I 族原子と VII 族原子が結合したアルカリハライドである．結晶を構成する原子は，多くの場合閉殻を作って結晶全体のエネルギーを下げる傾向にある．たとえば，NaCl 結晶では Na$^+$ イオンと Cl$^-$ イオンとなって結晶を構成している．中性原子の電子配置は，

Na では， $(1s)^2(2s)^2(2p)^6(3s)$

Cl では， $(1s)^2(2s)^2(2p)^6(3s)^2(3p)^5$

であるが，Na の 3s 電子が Cl の空いている 3p 軌道に遷移して，Na$^+$ と Cl$^-$ イオンとして閉殻を構成している．しかも，この 1 価の正負イオンが空間的に交互に並んで，同種イオンの斥力よりも異種イオン間の引力がより有効に働くように結晶を構成している．中性 Na 原子を Na$^+$ イオンと電子に解離するためにはイオン化エネルギー 5.14 [eV] が必要である．しかし，中性 Cl 原子に電子を一つ付着させて Cl$^-$ イオンにするとき，電子親和力 3.61 [eV] が放出される．しかも，自由な Na$^+$ イオンと Cl$^-$ イオンを結晶中で実現される 2.82 [Å] の距離に近接させると，凝集エネルギー 7.9 [eV] が放出される．その結果，NaCl 結晶の自由エネルギーは，自由原子 Na, Cl のガスに比べて，

$$7.9 - 5.14 + 3.61 = 6.37 \text{ [eV]}$$

だけ低く，NaCl 結晶として安定に存在する．

1.1.2 共有結合

共有結合とは，2個の原子が2個の電子を共有して，それぞれの電子軌道が満たされた状態の結合である．共有結合が最も単純な形で現れている水素分子の場合を考える．図 1.2 に示すように，2つの水素原子の $1s$ 軌道に同じ向きのスピンを持つ電子を入れるときには，2つの原子は結合できないが，スピンが反平行の場合には強い結合状態を形成する．この結合力は，パウリの排他律とクーロン力の絡み合いから生じる2電子の交換相互作用によるものである．

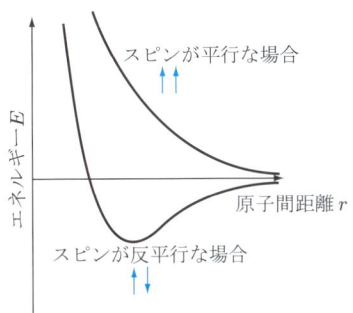

図 1.2　2つの水素原子間ポテンシャル

また，Ⅳ族原子のカーボン，シリコン，ゲルマニウムも共有結合によって結合し，後に述べるダイヤモンド構造を形成する．シリコンの場合，電子配置は，

$$(1s)^2(2s)^2(2p)^6(3s)^2(3p)^2$$

であるが，結晶を作る場合には，

$$(1s)^2(2s)^2(2p)^6(3s)(3p)^3$$

のように電子配置が変化し，sp^3 混成軌道を形成する．図 1.3 のように，1つのシリコン原子が正四面体の中心に位置し，その4つの頂点方向に広がった sp^3 混成軌道に4つの価電子が配置する．この4つの混成軌道が，隣接する4つのシリコン原子の，sp^3 混成軌道の1つずつと重なり合い，互いに反平行なスピンを持つ電子を共有しあって，共有結合を形成する．このときも，各シリコン原子は隣接するシリコン原子の電子を1個ずつ計4個共有して，あたかも，

$$(1s)^2(2s)^2(2p)^6(3s)^2(3p)^6$$

の閉殻構造をとるように振る舞って安定化する．

ほかの多くの物質の結合機構はもう少し複雑で，単一のイオン結合力や共有結合力のみで凝集しているのではない．たとえば，Ⅲ-Ⅴ族化合物半導体のGaAsでは，共有

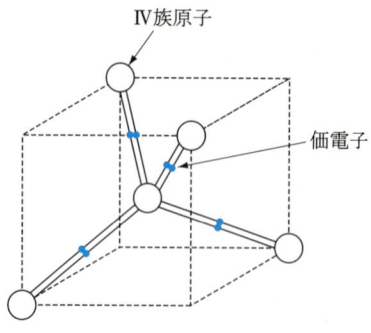

■ 図 1.3 Ⅳ族原子がつくる正四面体構造

結合に加えてイオン結合も関与しており，イオン結合度 0.31，共有結合度 0.69 である．Ⅱ-Ⅵ族化合物半導体の ZnSe ではもっとイオン結合の割合が大きくなり，イオン結合度 0.63，共有結合度 0.37 である．

■ 1.1.3 金属結合

金属結合とは，電子が広い結晶内を動き回ることによって減少する運動エネルギーに起因する結合である．金属結晶においては，図 1.4 に示すように 1 原子あたり 1 個ないし 2 個の電子が放出され，原子は正イオンとして結晶格子を構成している．そして，そのまわりには，金属から放出された自由電子が結晶全体を動き回っている．これが導電率が非常に高いという金属の重要な特徴の原因である．

電子が 1 原子内の狭い空間に閉じこめられているときには，不確定性原理により，大きな運動エネルギーを持っている．ところが，伝導電子となり広い結晶内を動きまわることができるようになると，運動エネルギーを減少させることができる．このエネルギーの減少分が金属結合に寄与する．1 つの金属の正イオンのポテンシャルを感じる代わりに，伝導電子はすべての正イオンのクーロン引力を受けている．これらの

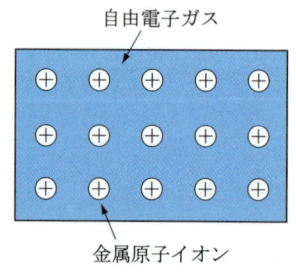

■ 図 1.4 金属結晶内での電子状態

1.1.4 ファン・デル・ワールス結合

ファン・デル・ワールス結合とは，ゆらぎによる電子分布の不均一から生じる原子間の弱いファン・デル・ワールス引力に起因する結合である．ファン・デル・ワールス結合による結晶には，希ガス結晶や分子性結晶がある．これらの構成原子や構成分子の電子構造は，自由原子や分子からほとんど変化していない．

Ne，Ar などの希ガス原子は閉殻構造を持ち，球対称である．したがって，希ガス原子は非常に大きなイオン化エネルギーを持つ．ファン・デル・ワールス力は，2つの原子がクーロン力で相互作用し合って分極し，誘起した双極子間の相互作用による引力である．よって，希ガス結晶では，構成原子が分極しにくいので，結合力も弱く，融点も低い．

また，グラファイトのような2次元的結晶においては，面内は強い共有結合であるが，面間は弱いファン・デル・ワールス結合で結ばれている．このような2次元的結晶においては，電気的，光学的性質も2次元性を示す．たとえば，面内での電気伝導度は高い値を示すが，面間方向では絶縁体として振る舞う．GaS や GaSe のような層状半導体や，遷移金属ダイカルコゲナイド TaS_2，$TaSe_2$ なども，面内は共有結合で，面間はファン・デル・ワールス結合による2次元的結晶の例である．

1.2 空間格子

図 1.5(a) に示すように，結晶内の任意の1点を原点 O とし，O を頂点とした結晶軸 a，b，c を3稜とする平行六面体を考える．この平行六面体を単位格子または単位胞とよぶ．また，結晶軸 a，b，c の長さを格子定数，結晶軸のなす角 α，β，γ を軸角という．

単位格子を3次元的に規則正しく積み重ねると図 1.5(b) のようになる．この格子の集まりを空間格子といい，各格子の頂点を格子点という．一般に格子点は，各単位格子内の原子の位置を指定するための原点にすぎず，実際の原子は必ずしもこの格子点にあるとは限らない．しかし，格子点をどれかの原子の位置に平行移動させると，それと同種の原子の位置にほかの格子点が必ず重なる．

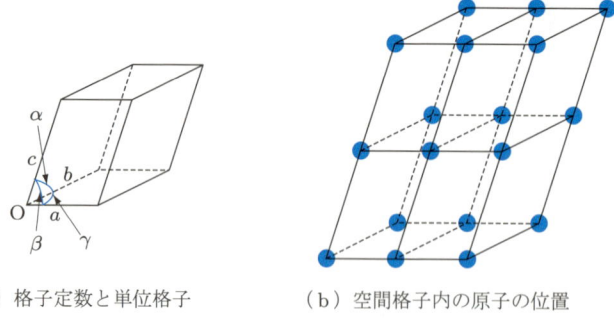

(a) 格子定数と単位格子　　(b) 空間格子内の原子の位置

■ 図 1.5

1.3 格子方向と格子面

空間格子内でのある方向を示すには，**格子方向**を用いる．これは，単位格子の原点を通る直線上の任意の点の座標を与えることによって決められる．結晶軸 a, b, c を座標軸とし，その原点を通り，ある格子方向を示す直線上の座標を u, v, w とする．この $u\,v\,w$ を [ ] で囲んだ $[u\,v\,w]$ をもって，その格子方向を表す指数とする．この $[u\,v\,w]$ は u, v, w がどのような値であっても，常に最も小さい整数の 1 組として表すことにする．また，a 軸の座標が負であるときには，$[\bar{u}\,v\,w]$ のように，その指数の上に横棒を引いて表す．いくつかの格子方向の例を図 1.6 に示す．

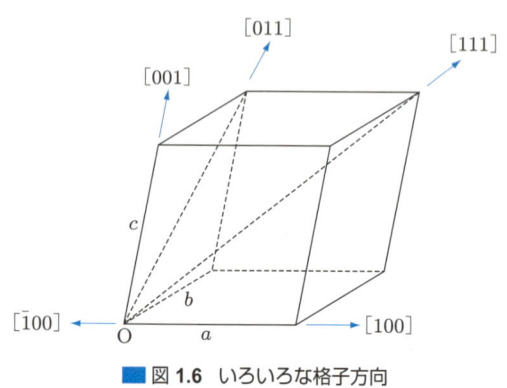

■ 図 1.6　いろいろな格子方向

空間格子内の面を**格子面**とよぶ．この面の表現法はミラーによって確立され，**ミラー指数**とよばれる．図 1.7 をもとに，ミラー指数の決め方を説明する．まず，面が各軸を切る長さ a_h, b_k, c_l を求める．次に，各軸の長さ a, b, c と a_h, b_k, c_l の比

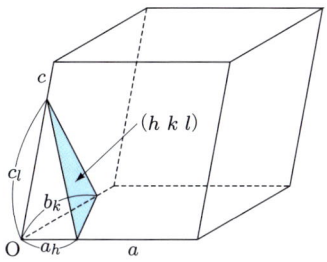

■ 図 1.7 格子面のミラー指数の決め方

$a/a_h : b/b_k : c/c_l$ を求め，これを最も簡単な整数比 $h : k : l$ に直す．こうして求まった h, k, l を $(h\ k\ l)$ と表し，ミラー指数とする．また，ミラー指数 $(h\ k\ l)$ はこの面に平行なほかの一群のすべての面を表す．

ミラー指数が 0 であるときには，その指数に対応する軸に平行な (言いかえればその軸と ∞ で交わる) 面を表す．また，軸の負側に切片があるときには，その指数の上に横棒を引く．いくつかのミラー指数が表す格子面を図 1.8 に示す．

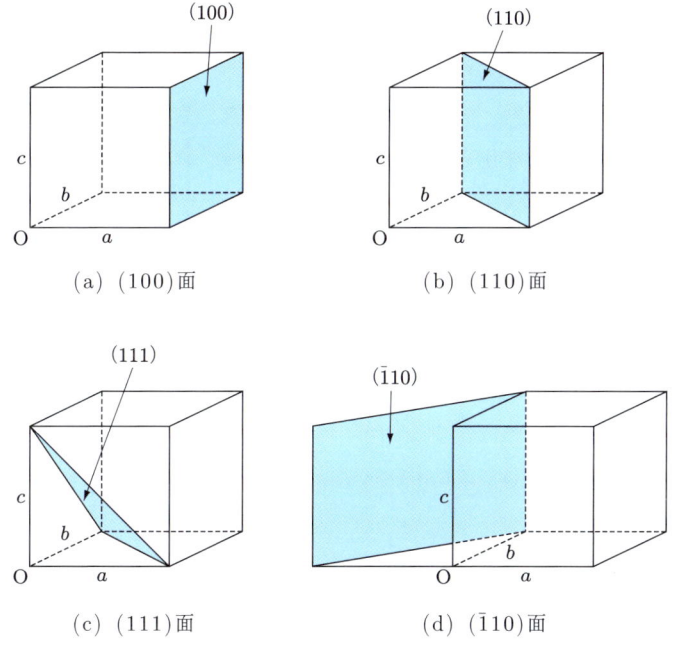

■ 図 1.8 いろいろなミラー面が表す格子面

1.4　ブラベー格子

結晶は多種多様あるが，空間格子の対称性から 14 種類のブラベー格子に分類することができる．これは，ブラベーにより確立された空間格子群であり，図 1.9 のようにまとめられる．

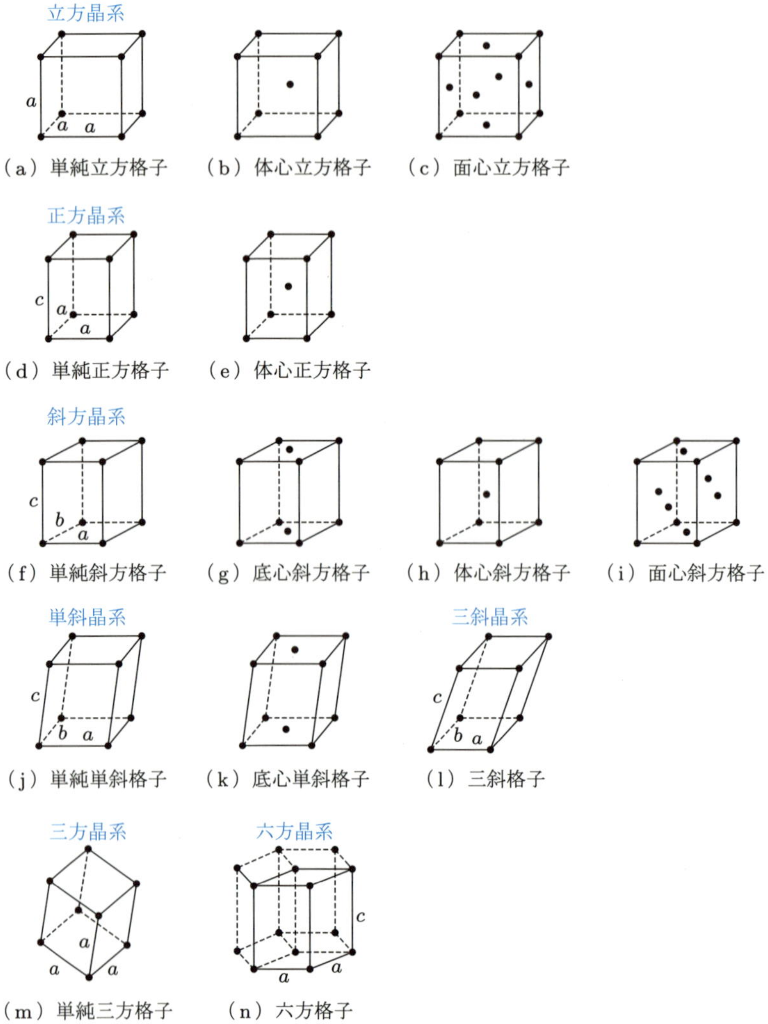
立方晶系
a
a a
（a）単純立方格子
（b）体心立方格子
（c）面心立方格子
正方晶系
c
a
a
（d）単純正方格子
（e）体心正方格子
斜方晶系
c
b
a
（f）単純斜方格子
（g）底心斜方格子
（h）体心斜方格子
（i）面心斜方格子
単斜晶系
c
b a
（j）単純単斜格子
（k）底心単斜格子
三斜晶系
c
b a
（l）三斜格子
三方晶系
a
a a
（m）単純三方格子
六方晶系
c
a a
（n）六方格子

図 1.9　ブラベー格子

ブラベー格子は，単位格子の各頂点にのみ格子点を持つ単純格子 7 種と，そのほかに単純格子の中心に格子点を 1 個付加した体心格子 3 種，単純格子の各面の中心に格子点を 1 個ずつ付加した面心格子 2 種，そして単純格子の上下の底面の中心に格子点を 1 個ずつ付加した底心格子 2 種に分類される．

1.5 代表的な結晶構造

（1） 体心立方格子

体心立方格子は図 1.9(b) に示すように，立方体の各頂点に 8 個とその中心に 1 個の原子を含む．この構造を持つ主な元素としては，Li, Na, K, Ca, Cr, Mo などがある．

ここで，単位格子中に含まれる原子数を求める．たとえば，立方体の各頂点にある原子は，この立方体に隣接する 8 個の立方体とこの原子を共有するため，1 つの立方体に真に属する原子数は 1/8 個となる．同様にして，原子が辺上にあるときは 1/4 個，面心にあるときは 1/2 個，体心にあるときは 1 個となる．よって，体心立方格子中に含まれる原子数は，

$$N = (1/8) \times 8 + 1 = 2 \text{ 個}$$

である．

（2） 面心立方格子

面心立方格子は図 1.9(c) に示すように，立方体の各頂点の 8 個の原子と各面の中央の 6 個の原子からなる．この構造を持つ主な元素としては，Ne, Ar, Cu, Ag, Au, Al, Co, Ni などがある．面心立方格子中に真に含まれる原子数は，

$$N = (1/8) \times 8 + (1/2) \times 6 = 4 \text{ 個}$$

である．また，この構造は後で述べる六方最密構造とともに，空間に剛体球を最も密に隙間が少なくなるように並べた最密充填構造であり，空間充填率 (単位格子の各格子点に剛体球をつめたとき，その剛体球がしめる体積の単位格子体積に対する割合) は 0.74 である．

（3） 塩化ナトリウム構造

塩化ナトリウム構造を図 1.10 に示す．Na^+ イオンと Cl^- イオンが，単純立方格子の各格子点に交互に並び，各イオンは異符号を持つ 6 個の最近接イオンに取り囲まれ

ている．空間格子は単純立方格子ではなく，Na$^+$ イオンに注目すれば分かるように面心立方格子で，その単位構造は $(0, 0, 0)$ にある Na$^+$ イオンと $(1/2, 1/2, 1/2)$ にある Cl$^-$ イオンからできている．この結晶構造をとるのは，NaCl のほかに KCl, KBr, PbS, AgBr, MgO などのイオン結晶である．また，図 1.10 に示す単位格子中に含まれる Na$^+$ イオンの数は，

$$N = (1/8) \times 8 + (1/2) \times 6 = 4 \text{ 個}$$

また，Cl$^-$ イオンの数は，

$$N = (1/4) \times 12 + 1 = 4 \text{ 個}$$

である．

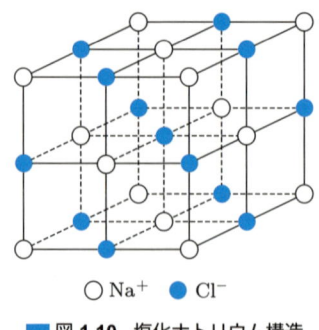

○ Na$^+$ ● Cl$^-$

■ **図 1.10** 塩化ナトリウム構造

（4） 六方最密構造

六方最密構造は，面心立方構造と同じ 0.74 の空間充填率を持つ最密充填構造である．剛体球をこの構造に並べたときの格子定数の比 c/a は，$(8/3)^{1/2} = 1.633$ となる．Be, Mg, Ti などの金属と，高圧下で固体となる He がこの構造をとる．六方最密構造の単位格子は図 1.11 に示す六方格子である．基本単位格子は頂角 60° のひし形を底

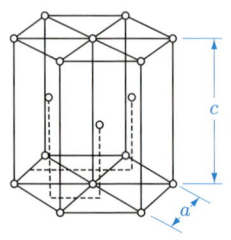

■ **図 1.11** 六方最密格子

とする直角柱で，この直角柱の中央に1個の原子を含む．単位格子中に含まれる原子数は，

$$N = (1/8) \times 8 + 1 = 2 \text{ 個}$$

である．

（5） ダイヤモンド構造

ダイヤモンド構造の空間格子は面心立方格子である．図1.12(a) に示すように，(0, 0, 0) と (1/4, 1/4, 1/4) にある同一の原子の単位構造が面心立方の各格子点に配置している．すなわち，立方体対角線の方向に格子定数を単位として (1/4, 1/4, 1/4) だけずれた2個の面心立方格子から成り立っている．一つの原子に注目すると，図1.3に示すようにまわりの4個の原子と共有結合を形成しており，正四面体構造を作っている．ダイヤモンドのほかに，半導体のGe，Siもこの構造をとる．ダイヤモンド構造に含まれる原子数は，

$$N = (1/8) \times 8 + (1/2) \times 6 + 4 = 8 \text{ 個}$$

である．

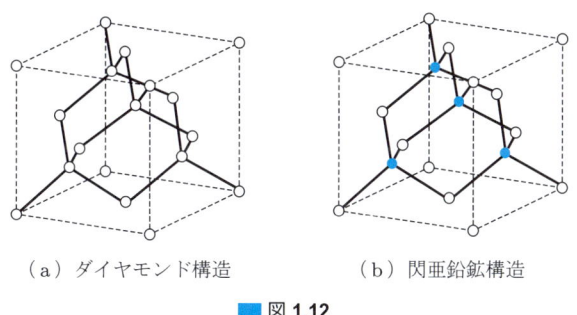

（a）ダイヤモンド構造　　　（b）閃亜鉛鉱構造

図 1.12

（6） 閃亜鉛鉱構造

閃亜鉛鉱構造は，図1.12(b) に示すように，ダイヤモンド構造において (0, 0, 0) を原点とする面心立方格子に1種類の原子を，(1/4, 1/4, 1/4) を原点とする面心立方格子にほかの種類の原子をおいた構造である．この構造をとる物質の代表は，Gaなどの III 族原子と As などの V 族原子の化合物である III-V 族化合物半導体である．GaAs の場合，図1.12(b) に示す単位格子当り4個のGaAs分子が存在する．

1.6 X線回折と結晶構造

結晶内の原子配列を調べる代表的な方法に X 線回折法がある．典型的な X 線の波長は 1 [Å] 程度であるから，結晶内の原子間隔 2～3 [Å] に比べると短い．よって，結晶は X 線に対して 3 次元回折格子としてふるまう．X 線回折パターンから，単位格子の大きさ，形および単位格子内の原子位置が分かる．

図 1.13 に示すように，面間隔 d の面に波長 λ の X 線が入射した場合を考える．ここで，点 A から格子面 Q への入射波に下ろした垂線の足を C，反射波に下ろした垂線の足を D とする．このとき，反射波が強め合う条件は行路差 CB + BD が波長の整数倍になっているときである．すなわち，回折条件は，

$$2d\sin\theta = n\lambda \quad (n = 1, 2, 3, \cdots) \tag{1.4}$$

となる．これをブラッグの回折条件という．回折が起きる角 θ をブラッグ角，n を反射の次数という．

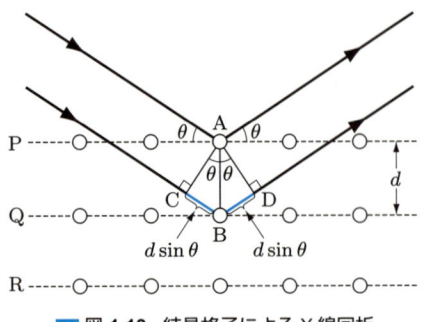

■ 図 1.13 結晶格子による X 線回折

回折による結晶構造解析は，上に述べた内容を拡張することであり，その研究にはブラッグ反射の方位と強度の測定を多くの格子面 $(h\,k\,l)$ について行うことが必要である．その実験的観察法には，デバイ・シェラー法，ディフラクトメーター法などがある．

演習問題 1

1. 立方晶系では，
   (1) $(h\ k\ l)$ 面は $[h\ k\ l]$ 方向と直交することを示せ．
   (2) $(h\ k\ l)$ の面指数を持つ隣り合った面の面間隔 d_{hkl} は，
   $$d_{hkl} = \frac{a}{\sqrt{h^2 + k^2 + l^2}}$$
   で表されることを示せ．ただし，a は格子定数である．

2. 格子定数を a とするとき，以下の結晶構造における最近接原子間距離および空間充填率を求めよ．
   (1) 単純立方格子
   (2) 体心立方格子
   (3) 面心立方格子

3. 各格子点に剛体球をつめて六方最密構造を作るとき，その軸比 c/a および空間充填率を求めよ．

4. Si はダイヤモンド構造を持つ結晶で，格子定数は 5.43 [Å]，原子量は 28.1 である．以下の問いに答えよ．
   (1) 単位格子中には原子が何個存在するか．
   (2) 1 [cm^3] 中の原子数 n を求めよ．
   (3) Si の密度 ρ を求めよ．

第2章

格子振動

第1章では，結晶中の原子やイオンはある一定の位置に規則正しく配列していると述べた．しかし，実際の原子やイオンは熱エネルギーによって絶えず振動運動をしていて，決して静止しているわけではない．このように，ある平衡点を中心とした結晶構成粒子の振動を格子振動という．本章では，まず結晶中の格子振動を，1種類の構成粒子からなる1次元格子および2種類の構成粒子からなる1次元格子のモデルを用いて考察する．その後，格子振動を量子化したフォノンについて定性的に説明する．

2.1 同種原子からなる1次元格子振動

原子の結合によって結晶が形成されていることは，前章で述べたとおりである．これらの原子は吸引力あるいは反発力を受けながら平衡状態を保っており，その様子を簡単なモデルで表すと図2.1のようになる．

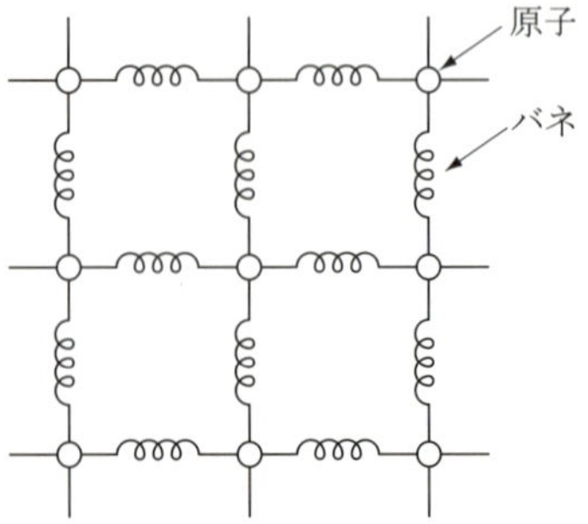

■ 図2.1 原子間結合力をバネで置き換えた結晶格子モデル

各原子は熱エネルギーにより振動し，この振動が波として結晶中を伝搬する．この格子振動は，波の波長が原子間隔より大きいときには結晶を連続体として扱ったものと一致する．すなわち，任意の波形が変形しないで伝搬し，波の速度は振動数によらない．一方，波の波長が短くなって原子間隔に近くなると，結晶を連続体として考え

られなくなり，構成原子の振動に着目しながら波の伝搬を考えなければならない．

簡単のために，結晶を1種類の原子が図 2.2 のようにバネでつながれた鎖で表し，この1次元格子振動を考える．このように，定点からの距離に比例する引力を受けて定点に向かって運動する質点の振動を調和振動という．

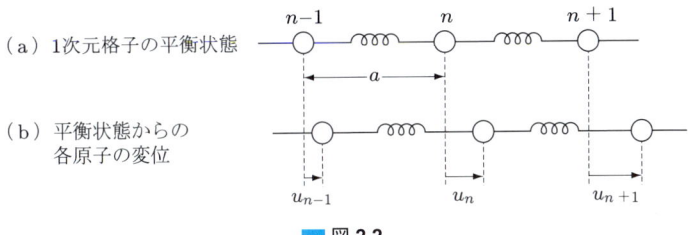

■ 図 2.2

原子の質量を m，原子間隔を a として端のない格子を仮定し，終端効果が問題にならないようにする．また，n 番目の原子の平衡位置からの変位を u_n，バネ定数を b とし，原子間に働く力はフックの法則に従うとすると，n 番目の原子に対する運動方程式は，

$$m\frac{d^2 u_n}{dt^2} = -b(u_n - u_{n-1}) + b(u_{n+1} - u_n) \\ = b(u_{n-1} + u_{n+1} - 2u_n) \tag{2.1}$$

となる．式 (2.1) の第1項は，$n-1$ 番目の原子による左方向への力を表しており，第2項は $n+1$ 番目の原子による右方向への力を表している．ここで，両隣の原子も動いており，運動方程式は連立微分方程式になるが，方程式がすべて同形ということで簡単に解け，一般解は，

$$u_n = A \exp[i(kna - \omega t)] \quad (n = 0, \pm 1, \pm 2, \cdots) \tag{2.2}$$

となる．ここで，A は振幅，na は原点から n 番目の原子の平衡位置までの距離，ω は角振動数，k は波数であり波長 λ と，

$$k = \frac{2\pi}{\lambda} \tag{2.3}$$

の関係にある．

式 (2.2) を式 (2.1) に代入し変形すると，

$$-m\omega^2 = b[\exp(ika) + \exp(-ika) - 2] \\ = 2b(\cos ka - 1) \\ = -4b\sin^2 \frac{ka}{2} \tag{2.4}$$

よって，式 (2.2) が式 (2.1) の解となる条件は，

$$\omega = 2\sqrt{\frac{b}{m}} \left| \sin \frac{ka}{2} \right| \tag{2.5}$$

である．この角振動数 ω と波数 k の関係を分散関係といい，この場合には図 2.3 のようになる．

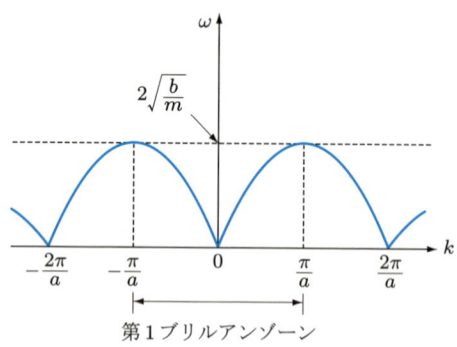

図 2.3 1次元格子振動における分散関係

ここで，無限に長い結晶格子を仮定すれば，任意の k が許されるが，k の範囲を $-\pi/a \leqq k \leqq \pi/a$ に限って考えれば十分である．その理由は，分散関係が $k = 2\pi/a$ の周期関数であることから，これ以外の k の値に対する波形は，すべてこの範囲の k の値で表すことができるからである．そこで，$-\pi/a \leqq k \leqq \pi/a$ の範囲を，第 1 ブリルアンゾーンとよぶ．第 1 ブリルアンゾーンの外側の k は，n を整数として，

$$k' = k - \frac{2\pi n}{a} \tag{2.6}$$

とすると，第 1 ブリルアンゾーンの k の値として取り扱うことができる．

式 (2.5) をもう少しくわしく見てみる．ka が小さく $ka \ll 1$ と近似できる場合，すなわち波長 λ が a に比べて大きいときには，式 (2.5) は次のように近似できる．

$$\omega = \left(a\sqrt{\frac{b}{m}} \right) k \tag{2.7}$$

よって，波の位相が進む速度 (位相速度) v_p は，

$$v_p = \frac{\omega}{k} = a\sqrt{\frac{b}{m}} = v_0 \tag{2.8}$$

となり，波のエネルギーが伝搬する速度 (群速度) v_g は，

$$v_g = \frac{d\omega}{dk} = a\sqrt{\frac{b}{m}} = v_0 \tag{2.9}$$

となる．これは，連続体において音波が伝搬する場合と同じである．つまり，格子点間の距離に比べて波長が十分大きくなれば，連続体中を伝搬する弾性波の理論と同じになる．

一方，k が大きくなり波長が短くなると，位相速度と群速度が異なってくる．式 (2.5) から，

$$v_p = v_0 \left| \frac{\sin \frac{ka}{2}}{\frac{ka}{2}} \right| \tag{2.10}$$

$$v_g = v_0 \left| \cos \frac{ka}{2} \right| \tag{2.11}$$

となる．群速度 v_g と波数 k の関係を示したのが図 2.4 である．群速度は $k = \pi/a$ で 0 になる．このとき，波長 λ は $2a$ となり，進行波ではなく定在波となる．これは，格子振動がブラッグの回折条件を満たすことによって，結晶格子によってブラッグ反射を起こしていることに対応する．

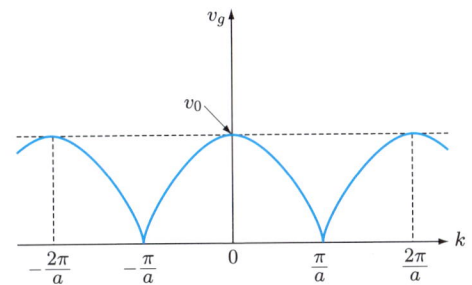

■ 図 2.4　1 次元格子振動における波数 k と群速度 v_g の関係

2.2　2 種類の原子からなる 1 次元格子振動

次に，図 2.5 に示すように，質量が m, M と異なる原子が交互に並んだ 1 次元格子を考える．ここで，$M > m$ とし，m, M に対する変位をそれぞれ u_n, U_n とする．

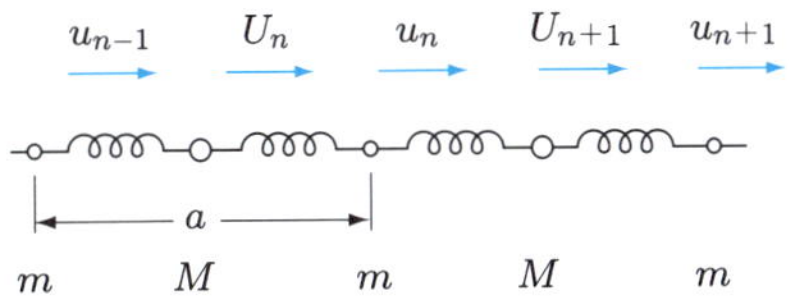

■ 図 2.5　質量 m, M の 2 種類の原子からなる 1 次元格子モデル

式 (2.1) と同様に隣接原子からの影響のみを考慮すれば、運動方程式は、

$$M\frac{d^2U_n}{dt^2} = b(u_n + u_{n-1} - 2U_n) \tag{2.12}$$

$$m\frac{d^2u_n}{dt^2} = b(U_{n+1} + U_n - 2u_n) \tag{2.13}$$

となる。u_n, U_n に関しても、式 (2.2) と同様に、

$$u_n = A\exp[i(kna - \omega t)] \tag{2.14}$$

$$U_n = B\exp[i(kna - \omega t)] \tag{2.15}$$

と仮定すれば、式 (2.12), (2.13) から、

$$-\omega^2 MB = bA[1 + \exp(-ika)] - 2bB \tag{2.16}$$

$$-\omega^2 mA = bB[\exp(ika) + 1] - 2bA \tag{2.17}$$

が得られる。A, B がともに 0 でない解を持つためには、A, B の係数で作られる行列式が 0 でなければならないので、

$$\begin{vmatrix} 2b - M\omega^2 & -b[1 + \exp(-ika)] \\ -b[1 + \exp(ika)] & 2b - m\omega^2 \end{vmatrix} = 0 \tag{2.18}$$

となる。上式を ω^2 について解くと、

$$\omega^2 = b\left(\frac{1}{M} + \frac{1}{m}\right) \pm b\sqrt{\left(\frac{1}{M} + \frac{1}{m}\right)^2 - \frac{4}{Mm}\sin^2\frac{ka}{2}} \tag{2.19}$$

となる。右辺の ± のうち + をとった方の ω^2 を ω_+^2、− の方を ω_-^2 とする。そして、それぞれの ω^2 を開いてその正の値をとり、ω_+ と ω_- を求める。このようにして、2 種類の原子からなる 1 次元格子では、波数 k の 1 つの値に対して、2 つの角振動数 ω_+ と ω_- が存在することが分かる。

式 (2.19) の k と ω の関係を図示するため、以下の場合について ω_+ と ω_- を求める。
（ⅰ）$k = 0$ のとき、

$$\omega_+ = \sqrt{2b\left(\frac{1}{M} + \frac{1}{m}\right)} \tag{2.20}$$

$$\omega_- = 0 \tag{2.21}$$

（ⅱ）k が十分小さく、$\sin(ka/2) \sim ka/2$ と近似できるとき、

$$\omega_+ \sim \sqrt{2b\left(\frac{1}{M} + \frac{1}{m}\right)} \tag{2.22}$$

$$\omega_- \sim \sqrt{\frac{b}{2(M+m)}}\,ka \tag{2.23}$$

(iii) $k = \pi/a$ のとき，

$$\omega_+ = \sqrt{\frac{2b}{m}} \tag{2.24}$$

$$\omega_- = \sqrt{\frac{2b}{M}} \tag{2.25}$$

となる．これらをもとに，2種類の原子からなる1次元格子の分散関係を示すと図 2.6 のようになる．この図には第1ブリルアンゾーンの半分 $(0 \leqq k \leqq \pi/a)$ のみを示してある．この図を見ると分かるように，$(2b/M)^{1/2}$ と $(2b/m)^{1/2}$ の間の ω に対しては解は存在しない．すなわち，この間の ω に対応する格子振動は存在しないことを示している．

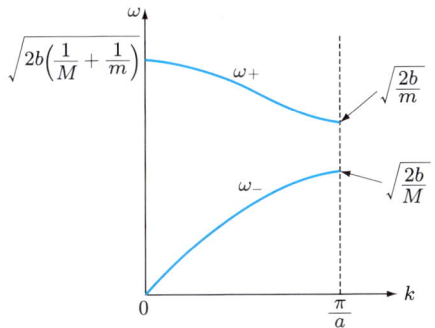

図 2.6 2種類の原子からなる1次元格子振動における分散関係

図 2.6 の上の曲線 ω_+ を光学モード，下の曲線を音響モードとよぶ．光学モードにおいては，図 2.7(a) に示すように，隣り合った異種原子はその質量に反比例して互いに反対方向に振動している．一方，音響モードにおいては，音波が結晶中を伝搬す

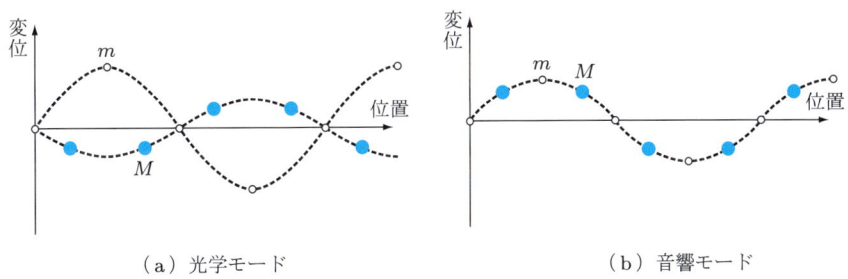

図 2.7 2種類の原子からなる1次元格子振動における原子の変位

るときと同じように各原子は図 2.7(b) に示すような振動をする.

2.3　格子振動の量子化

格子振動が物質の性質に及ぼす影響には，大きく分けて以下の3つがある.
(1)　熱的性質：比熱，熱伝導度
(2)　電気的性質：移動度，電気伝導度
(3)　光学的性質：吸収係数，発光スペクトル

以下の章でそれぞれの性質について論じるが，これらの議論においては格子振動を量子化したフォノンという仮想的粒子 (準粒子) を用いた方が議論が容易になる. そこで，ここではフォノンについて定性的に説明する.

量子力学においては，光 (電磁波) は波動であるとともに，エネルギー $h\nu$ を持ったフォトンという粒子としても取り扱われ，波動性と粒子性という二重性を持つ. 同様にして格子振動においても，格子振動のエネルギーを量子化したフォノンという仮想的な粒子を考えることができる. この場合には，角振動数 ω の格子振動のエネルギーは,

$$E = \frac{\hbar\omega}{2} + n\hbar\omega \quad (n = 0, 1, 2, \cdots) \tag{2.26}$$

で与えられる. ここで，$\hbar$ はプランク定数 h を 2π で割ったもので，1.05×10^{-34} [Js] の値を持つ. 第1項目の $\hbar\omega/2$ は不確定性原理に基づく零点エネルギーとよばれるものである. ここで，不確定性原理とは，5.2 節で説明するが，量子力学における波動と粒子の二重性を説明するためにハイゼンベルクが導入した概念で，位置と運動量などの二つの物理量は同時には正確に決定できず，これらのばらつきの積は決して 0 にはならないという原理である. また，n は励起されているフォノン数である. すなわち，量子力学的には，$\hbar\omega$ というエネルギーを持った粒子がいくつあるかで格子振動のエネルギーを表す. 結晶の温度が上昇すると，格子振動が激しくなるという代わりに，結晶中のフォノンの数が増大するといってもよい.

また，温度 T における熱平衡状態で，エネルギー $\hbar\omega$ を持つフォノンの平均数 $\langle n \rangle$ は，以下のプランク分布に従う.

$$\langle n \rangle = \frac{1}{\exp\left(\frac{\hbar\omega}{k_B T}\right) - 1} \tag{2.27}$$

ここで，k_B はボルツマン定数 (1.38×10^{-23} [J/K]) である．すなわち，高いエネルギーを持ったフォノンの数は指数関数的に減少する．

波数 k を持った 1 個のフォノンは，ほかの粒子や場に対してあたかも運動量 $\hbar k$ を持った粒子のように振る舞い，固体の比熱や電子伝導に大きな影響を及ぼす．また，実際の結晶中におけるフォノンの分散関係は，中性子の非弾性散乱スペクトルの解析により求めることができる．

このように，光や格子振動を波動性と粒子性を持った仮想的な粒子であるフォトンやフォノンと考えることにより，これらと電子との相互作用の議論が容易となる．

演習問題 2

1. 式 (2.18) から式 (2.19) を導け．
2. 2 種類の原子からなる 1 次元格子において，次のそれぞれの場合について，重い原子および軽い原子の変位を図示せよ．
   (a) $k = 0$ のとき
   (b) $k = \pi/a$ のとき

第3章

固体の熱的性質

格子振動が直接関与する現象として，ここでは固体の比熱および熱伝導について考察する．

3.1 固体の比熱

固体の比熱を支配する現象には，格子振動と自由電子の熱運動がある．極低温下の金属では自由電子の熱運動が支配的であるが，絶縁体や半導体および常温の金属では格子振動が比熱を決めている．以下に，固体の比熱に関する古典論，アインシュタインの理論およびデバイの理論について述べる．

3.1.1 古典論

体積 V が一定の場合の比熱 (定積比熱) C_V は，内部エネルギーを U，絶対温度を T とすると，次のように定義される．

$$C_V = \left(\frac{\partial U}{\partial T}\right)_V \tag{3.1}$$

デュロン・プティの経験的法則によれば，室温付近での固体の定積比熱は，ほぼ一定値で 6 [cal/mol/K] である．これは次のように説明できる．

古典的な気体分子運動論によれば，真空中の粒子の運動エネルギーは運動の 1 自由度あたり $k_B T/2$ であるので，3 次元においてアボガドロ数 N_0 個の粒子の運動エネルギー E_K は，

$$E_K = \frac{3}{2} N_0 k_B T = \frac{3}{2} RT \tag{3.2}$$

となる．ここで，$R = N_0 k_B = 1.99$ [cal/mol/K] は気体定数である．これは，理想気体の内部エネルギーに等しい．真空中でなく固体中の原子は，xyz の各軸方向にさらに $k_B T/2$ ずつのポテンシャルエネルギーを持っているので，1 モルについてのポテンシャルエネルギー E_U は，

$$E_U = \frac{3}{2} N_0 k_B T = \frac{3}{2} RT \tag{3.3}$$

となる．よって，内部エネルギー U は，

$$U = E_K + E_U = 3RT \tag{3.4}$$

となるので定積比熱 C_V は，

$$C_V = \left(\frac{\partial U}{\partial T}\right)_V = 3R = 5.96 \text{ [cal/mol/K]} \tag{3.5}$$

となる．この結果は，デュロン・プティの法則をよく説明する．

ところが実際には，低温ではデュロン・プティの法則は成り立たず，比熱は絶対零度に近づくにつれ 0 になる．

3.1.2 アインシュタインの理論

アインシュタインは，格子振動の量子化の考え方から，低温で比熱が 0 となることを次のようにして説明した．

調和振動子の角周波数がすべて等しく ω_0 であるとすると，アボガドロ数 N_0 個の粒子の温度 T での内部エネルギー U は，

$$U = 3N_0 \langle n \rangle \hbar \omega_0 \tag{3.6}$$

となる．ここで，零点エネルギーは温度によらず一定であるため，内部エネルギーの計算から削除した．$\langle n \rangle$ に式 (2.27) を代入すると，

$$U = \frac{3N_0 \hbar \omega_0}{\exp\left(\frac{\hbar \omega_0}{k_B T}\right) - 1} \tag{3.7}$$

となる．よって，比熱 C_V は次のようになる．

$$C_V = \left(\frac{\partial U}{\partial T}\right)_V = 3R \left(\frac{\hbar \omega_0}{k_B T}\right)^2 \frac{\exp\left(\frac{\hbar \omega_0}{k_B T}\right)}{\left[\exp\left(\frac{\hbar \omega_0}{k_B T}\right) - 1\right]^2} \tag{3.8}$$

ここで，ω_0 は物質により異なるので，その物質を特徴づける特性温度を Θ_E とすると，

$$\Theta_E = \frac{\hbar \omega_0}{k_B} \tag{3.9}$$

とおけばよい．この温度 Θ_E をアインシュタイン温度とよぶ．この Θ_E を使って式 (3.8) を書き直すと，

$$C_V = 3R\left(\frac{\Theta_E}{T}\right)^2 \frac{\exp\left(\frac{\Theta_E}{T}\right)}{\left[\exp\left(\frac{\Theta_E}{T}\right) - 1\right]^2} \quad (3.10)$$

となる．

高温では $T \gg \Theta_E$ であるので，$C_V \sim 3R$ となる．これはデュロン・プティの法則と一致する．

一方低温では，$T \ll \Theta_E$ で，$C_V \propto \exp(-\Theta_E/T)$ となり，比熱は温度が下がるにつれ指数関数的に 0 に近づく．このアインシュタインの理論は，比熱が低温で温度の低下とともに 0 に近づくことは実験と合うが，実験値よりも急激に比熱が小さくなる．これを図 3.1 に太い破線で示す．図 3.1 の白丸は実験値である．アインシュタインの理論が低温で実験値より小さくなるのは，格子振動がすべて独立にしかも同じ角周波数 ω_0 で振動するとしたからである．実際の結晶では，原子は互いに結合していて，種々の振動数で振動している．

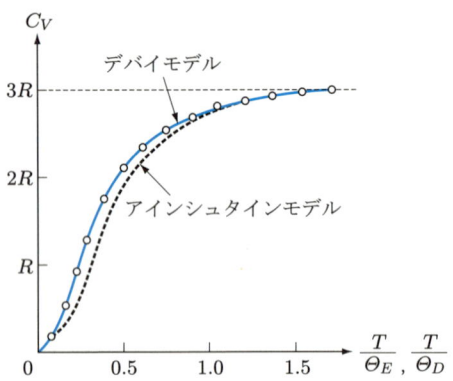

■ 図 3.1 定積比熱 C_V と T/Θ_E, T/Θ_D の関係．Θ_E, Θ_D はそれぞれアインシュタイン温度およびデバイ温度．白丸は実験値．

3.1.3 デバイの理論

低温でのアインシュタインモデルの改良策として，デバイは次のような 2 つの仮説に立って比熱理論を展開した．

(1) 固体結晶は，均質な連続的に振動する媒質であると考える．
(2) 結晶の中に含まれる独立な格子波の数 (振動モードの数) は，構成原子の総数を N とすると，その結晶の自由度 $3N$ に等しくなる．よって，全状態数が $3N$

となるような限界周波数 ω_D が存在する.

まず，角振動数 ω と $\omega + d\omega$ の間にある振動モードの数を $g(\omega)d\omega$ とすると，全エネルギーは，

$$U = \int_0^{\omega_D} \frac{\hbar\omega}{\exp\left(\frac{\hbar\omega}{k_B T}\right) - 1} g(\omega) d\omega \tag{3.11}$$

となる．ここで，$g(\omega)$ はフォノンの状態密度であり，結晶中の音速の平均値を v_s，結晶の体積を V とすると次式で与えられる．

$$g(\omega) = \frac{V\omega^2}{2\pi^2 v_s^3} \tag{3.12}$$

すなわち，デバイの理論では角振動数 ω が連続的に変化するため，フォノンの状態密度を積分することにより，フォノンが占める状態数を計算できる．

図 3.2 に示すように，$g(\omega)$ は ω^2 に比例するが，先の仮定 (2) より，$\omega = 0$ から ω_D まで積分した結果が $3N$ に等しくなければならない．すなわち，

$$\int_0^{\omega_D} g(\omega) d\omega = 3N \tag{3.13}$$

である．式 (3.13) に式 (3.12) を代入し積分すると，

$$\frac{V\omega_D^3}{6\pi^2 v_s^3} = 3N \tag{3.14}$$

となる．よって，

$$g(\omega) = \frac{9N\omega^2}{\omega_D^3} \tag{3.15}$$

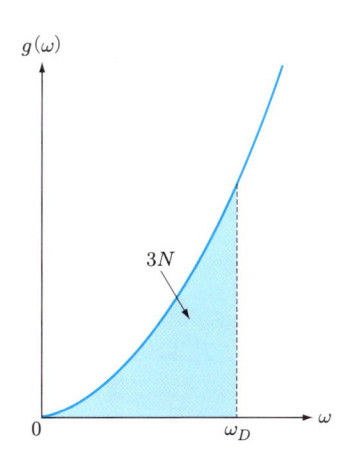

■ 図 3.2 フォノンの状態密度 $g(\omega)$ の角振動数 ω 依存性．ω_D はデバイの角振動数．

したがって，式 (3.11) は，

$$U = \frac{9N}{\omega_D^3} \int_0^{\omega_D} \frac{\hbar \omega^3}{\exp\left(\frac{\hbar \omega}{k_B T}\right) - 1} d\omega \tag{3.16}$$

となる．ここで，デバイの特性温度 Θ_D を，

$$\Theta_D = \frac{\hbar \omega_D}{k_B} \tag{3.17}$$

で定義する．デバイの特性温度 Θ_D は，物質の比熱を特徴づける値である．さらに，

$$x = \frac{\hbar \omega}{k_B T} \tag{3.18}$$

とおき，式 (3.16) を温度 T で偏微分すると比熱 C_V が次のように求められる．

$$C_V = \left(\frac{\partial U}{\partial T}\right)_V = 9R \left(\frac{T}{\Theta_D}\right)^3 \int_0^{\Theta_D/T} \frac{x^4 e^x}{(e^x - 1)^2} dx \tag{3.19}$$

高温と低温の場合を除いては，この式は数値積分をするしかない．

ⅰ) 高温の場合 ($T \gg \Theta_D$)

(Θ_D/T) $\ll$ 1 であるので，積分の上限は非常に小さくて 0 に近い．よって，x の小さいところのみが積分にきいてくるので，被積分関数を x が小さいとして展開すると，

$$\frac{x^4 e^x}{(e^x - 1)^2} \sim \frac{x^4(1+x)}{(x + x^2/2 + \cdots)^2} \sim x^2 \tag{3.20}$$

となる．これを式 (3.19) に代入して積分すると，

$$C_V \sim 3R \tag{3.21}$$

となり，デュロン・プティの法則と一致する．

ⅱ) 低温の場合 ($T \ll \Theta_D$)

(Θ_D/T) $\gg$ 1 であるので，積分の上限を ∞ で近似すると式 (3.19) の積分項は，

$$\int_0^\infty \frac{x^4 e^x}{(e^x - 1)^2} dx = \frac{4\pi^4}{15} \tag{3.22}$$

となるので，

$$C_V = \frac{12\pi^4 R}{5} \left(\frac{T}{\Theta_D}\right)^3 = 464.5 \left(\frac{T}{\Theta_D}\right)^3 \quad [\text{cal/mol/K}] \tag{3.23}$$

となる．つまり，低温では格子比熱は T^3 に比例して 0 に近づく．これは，図 3.1 に実線で示したように実験結果とよく一致する．式 (3.23) をデバイの T^3 則という．

C_V を T/Θ_D に対して描くと，多くの金属や化合物が単一の標準曲線に一致する．実際には，この理論曲線と実験値が最もよく合うように Θ_D を選んで，その物質の

デバイ温度を定める. Θ_D の値は, 金属では 100～500 [K] 程度であり, シリコンでは 640 [K], ダイヤモンドでは 2230 [K] である.

3.2 固体の熱伝導

比熱と同様, 熱伝導にも格子振動と自由電子が重要な役割をはたしている. 金属では自由電子の寄与が大きいが, 半導体や絶縁体では格子振動による熱伝導が支配的である. ここでは, 格子振動による熱伝導を考える.

熱伝導を解析するには, まず物質内で温度勾配があると考え, 高温から低温の場所に向けて, どのくらいの熱の流れがあるかを求める. 単位時間に単位面積を x 方向に流れる熱量 Q は, その位置での温度勾配に比例し,

$$Q = -\kappa \frac{dT}{dx} \tag{3.24}$$

と表される. ここで, 比例定数 κ を熱伝導率という.

フォノンという粒子によって熱の流れが生ずると考えると, 気体分子運動論が適用できる. ここでは詳細は省略するが, 気体分子運動論によると Q は次のように与えられる.

$$Q = -\frac{1}{3} C_{vp} l_p v_p \frac{dT}{dx} \tag{3.25}$$

ここで, C_{vp} は単位体積当りの格子比熱, l_p はフォノンの平均自由行程, v_p はフォノンの速度である. すなわち, 熱伝導も格子振動が関与した現象なので, 式 (3.25) には前節で述べた比熱 C_{vp} が入ってくる.

式 (3.24) と式 (3.25) を比較すると, 熱伝導率 κ は,

$$\kappa = \frac{1}{3} C_{vp} l_p v_p \tag{3.26}$$

となる. 低温では, 単位面積当りの格子比熱 C_{vp} がデバイの T^3 則に従うため, 熱伝導率 κ は T^3 に比例して減少する. また高温では, フォノンどうしの散乱が激しくなり, 平均自由行程 l_p が減少するため, κ は T に反比例する. この様子を図 3.3 に示す.

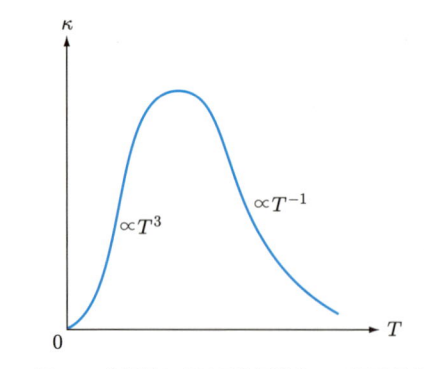

図 3.3 絶縁体における熱伝導度 κ の温度依存性

演習問題 3

1. NaCl におけるフォノンの振動数 ν_0 を 5×10^{12} [Hz] とするとき，アインシュタインの理論におけるアインシュタイン温度 Θ_E を求めよ．さらに，次のそれぞれの温度における比熱 C_V を求めよ．
   (1) 液体ヘリウム温度 (4.2 [K])
   (2) 液体窒素温度 (77 [K])
   (3) 室温 (300 [K])
2. NaCl のデバイ温度 Θ_D は 321 [K] である．デバイの理論において，低温の場合の近似が成り立つものとして，液体ヘリウム温度 (4.2 [K]) における比熱 C_V を求めよ．

第4章
古典的電子伝導モデル

ここでは，古典論を用いて金属の電子伝導の理論を説明する．まず，金属中の自由電子について説明し，電界中での自由電子のミクロな運動から，ドリフト速度，緩和時間および移動度という重要な物理量を導出する．さらに，いくつかの散乱要因がある場合の合成の緩和時間および抵抗率について述べる．

4.1 自由電子

金属の最も大きな特徴は，電気の良導体であることである．金属が良導体であるのは，金属の中に電気の運搬役 (キャリア) をつとめる自由電子が多く含まれるからである．ここでは，1価金属である Na を例にとり，金属の電気伝導について，古典論的な自由電子モデルに基づいて説明する．

Na 原子は 11 個の電子を含み，その電子配置は，

$$(1s)^2(2s)^2(2p)^6(3s)^1$$

である．$1s$，$2s$ および $2p$ 軌道にある電子は Na 原子核の近くにあり，強いクーロン引力を受けているため，原子核への結合エネルギーは大きい．一方，最外殻の $3s$ 軌道にある電子は，原子核からのクーロン引力を受けるとともに，内殻の 10 個の電子からのクーロン斥力を受ける．その結果，$3s$ 電子が原子核から受ける引力は弱くなり，軌道半径は約 2 [Å] と大きくなる．

また，Na 原子が集まって金属結晶を作ると，その基本格子は体心立方格子となり，格子定数 a は 4.28 [Å] となる．体心立方格子においては最近接原子間距離は $0.866a$ であるので，最近接 Na 原子間距離は 3.71 [Å] となる．したがって，最外殻の $3s$ 電子の軌道は互いに重なり合う．このとき，$3s$ 電子は，自分が属する原子核からの引力と隣の原子核からの引力とを同じくらいの大きさで受ける．よって，$3s$ 電子はすべての原子に属することになり，自由に原子間を渡り歩くことができる．この自由になった電子を，自由電子とよぶ．

この自由電子は，熱平衡状態では図 4.1(a) に示すように，Na$^+$ イオン格子の間を

(a) 熱平衡状態　　　(b) 電界Fを加えたとき

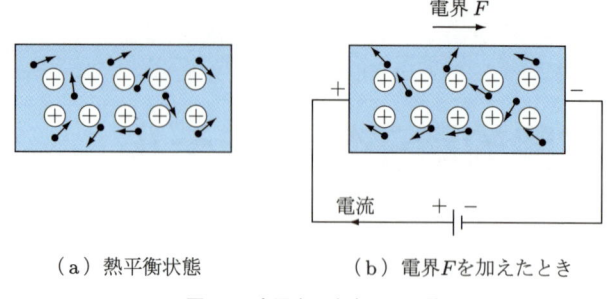

図 4.1　金属中の自由電子の動き

あらゆる方向に自由に動き回っている．このときは，すべての電子の運動の方向はランダムであるので，全体としては電流は流れない．

しかし，この金属に電界Fを加えると，電子は負の電荷を持っているので，電界と逆方向に向かって動く電子の数が増加する．電界によって加速された電子は，格子振動をしている陽イオンや不純物原子などと衝突しながら，全体として陽極側へ進んでいき，電流が流れる．金属においては，この自由電子が10^{22} [cm^{-3}] 程度と多数存在するため，電気を非常によく通す．

4.2　ドリフト速度，緩和時間，移動度

金属にx方向の電界Fを加えたとき，電子は図 4.2(a) に示すように，陽イオンと次々に衝突を繰り返しながら電界と逆方向に進む．衝突と衝突の間の時間τ_iは一定せず，したがって，その間の速度v_iも図 4.2(b) に示すように一定ではない．しかし，自由電子全体についての平均速度はある一定値v_dを持っており，これを**ドリフト速度**とよぶ．

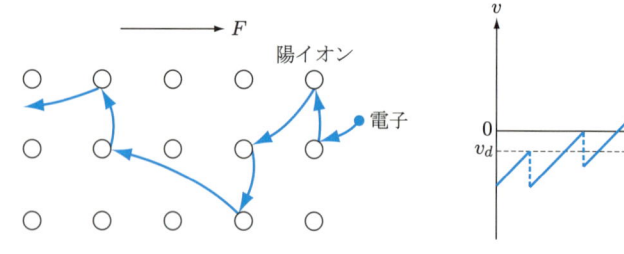

(a) 電界中の自由電子の動き　　　(b) 電子の電界方向の速度成分v_xの時間的変化

図 4.2

自由電子の質量を m, 電荷を $-q$ とし, i 番目の電子の速度を v_i とする. x 方向の電界 F を加えたときのこの自由電子に対する運動方程式は,

$$m\frac{dv_i}{dt} = -qF \tag{4.1}$$

となる. 衝突直後 ($t=0$) の電子の速度は, 熱平衡状態の速度 (熱速度) v_{0i} になるとすると, 式 (4.1) の解は,

$$v_i = v_{0i} - \frac{q}{m}Ft \tag{4.2}$$

となる. ここで, この電子が陽イオンと衝突してから, 次の陽イオンと衝突するまでの時間を τ_i とすると, 次の衝突の直前の速度 v_i は,

$$v_i = v_{0i} - \frac{q}{m}F\tau_i \tag{4.3}$$

となる. この v_i は各電子ごとに異なる.

次に, N 個の全電子について式 (4.3) の平均値を求めると次のようになる.

$$\frac{1}{N}\sum_i v_i = \frac{1}{N}\sum_i v_{0i} - \frac{1}{N}\frac{q}{m}F\sum_i \tau_i \tag{4.4}$$

ここで, 各電子の熱速度 v_{0i} の大きさは 10^8 [cm/s] 程度と非常に大きいが, ランダムな方向を向いているので, 平均すると 0, すなわち,

$$\frac{1}{N}\sum_i v_{0i} = 0 \tag{4.5}$$

となる. ここで, ドリフト速度 v_d および緩和時間 τ を次式で定義する.

$$\frac{1}{N}\sum_i v_i = v_d \tag{4.6}$$

$$\frac{1}{N}\sum_i \tau_i = \tau \tag{4.7}$$

よって, 式 (4.4) は,

$$v_d = -\frac{q\tau}{m}F \tag{4.8}$$

となる. ここで, 符号が負になっているのは, 電子のドリフト速度 v_d の方向が電界 F と反対方向であることを示している. 式 (4.8) から, v_d は F に比例することがわかる. この比例定数の絶対値を移動度 μ とよび, 次式で定義される.

$$\mu = \frac{q\tau}{m} \tag{4.9}$$

この式から，緩和時間 τ が長いほど移動度 μ が大きいことがわかる．ドリフト速度 v_d の単位を [cm/s]，電界 F の単位を [V/cm] で表すと，移動度 μ の単位は [cm^2/Vs] となる．

いま，単位体積当りの電子数 (電子密度) を n とすると，電流密度 J [A/cm^2] は電子のドリフト速度 v_d と逆向きであるから，

$$J = -qnv_d \tag{4.10}$$

と表される．ここで，$v_d = -\mu F$ であるから，

$$J = qn\mu F \tag{4.11}$$

となる．また，導電率を σ [S/cm]，抵抗率を ρ [Ωcm] とすると，オームの法則より，

$$J = \sigma F = \frac{F}{\rho} \tag{4.12}$$

であるので，この式と式 (4.11) を比較すると，

$$\sigma = \frac{1}{\rho} = qn\mu \tag{4.13}$$

となる．すなわち，移動度 μ が大きく電子密度 n が大きいほど，導電率は大きくなることがわかる．

4.3 合成緩和時間，合成抵抗率

金属中における自由電子の衝突は，種々の原因による．それらを 2 つに大別すると，
(1) 結晶格子の熱振動
(2) 不純物原子，結晶欠陥，転位など

となる．いくつかある衝突原因のうちの i 番目の原因による緩和時間を τ_i とすると，この原因により電子は平均 τ_i 秒間に 1 回衝突する．金属における緩和時間は約 10^{-14} 秒であるから，金属中の自由電子は 1 秒間に約 10^{14} 回衝突している．これは，相対的な衝突確率が $1/\tau_i$ であるともいえる．

多くの原因による衝突が，それぞれ独立に起こるとすれば，これらの原因による全体の衝突確率 $1/\tau$ は，それぞれの原因による衝突確率の和となるので

$$\frac{1}{\tau} = \sum_i \frac{1}{\tau_i} \tag{4.14}$$

で表される．この τ を合成緩和時間という．

結晶格子の熱振動 (原因 (1)) による緩和時間を τ_T，不純物原子など (原因 (2)) による緩和時間を τ_I とすると，このときの全体の衝突確率は，

$$\frac{1}{\tau} = \frac{1}{\tau_T} + \frac{1}{\tau_I} \tag{4.15}$$

となる．また，式 (4.9) と式 (4.13) より，抵抗率 ρ は，

$$\rho = \frac{m}{q^2 n \tau} \tag{4.16}$$

と表されるので，この場合の合成抵抗率 ρ は式 (4.15) より，

$$\rho = \rho_T + \rho_I \tag{4.17}$$

となる．このように，合成抵抗率が種々の衝突原因による抵抗率の和として表されることを，マティーセンの法則という．この法則は正確には成り立たないが，簡単なのでよく使われる．

ここで，ρ_I は温度によらず一定であるが，格子振動による抵抗率 ρ_T は，

$$\rho_T \propto T^5 \int_0^{\Theta_D/T} \frac{x^5}{(1-e^{-x})(e^x-1)} dx \tag{4.18}$$

で与えられる．この式は，抵抗率の温度依存性を表す経験式であり，グリューナイゼンの公式とよばれる．ここで，Θ_D は第 3 章で定義したデバイ温度である．この式を用いることによって，抵抗率の温度依存性を議論することができる．

式 (4.18) は $T \ll \Theta_D$ の低温では，

$$\rho_T \propto T^5 \tag{4.19}$$

と近似できる．これは，低温では励起されているフォノンのエネルギーが小さいため，電子があまり散乱されないためである．

また，$T \gg \Theta_D$ の高温では，

$$\rho_T \propto T \tag{4.20}$$

と近似できる．すなわち，温度の上昇に伴い高エネルギーのフォノンが増加し，自由電子の散乱が激しくなるため，抵抗率は温度に比例して増加する．

以上の結果をもとに，金属の抵抗率の温度依存性を計算すると図 4.3 のようになる．温度を下げていくと，格子振動による抵抗率 ρ_T はグリューナイゼンの公式に従って減

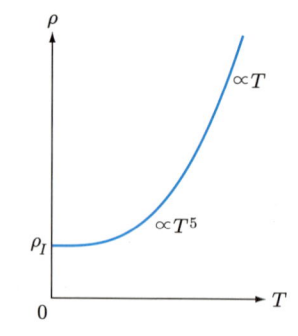

図 4.3 金属の抵抗率の温度依存性

少していくが，いくら温度を下げても不純物による抵抗率 ρ_I が残ってしまう．この意味で，ρ_I を**残留抵抗率**とよぶ．図 4.3 のグラフは実験結果と非常によい一致を示す．

演習問題 4

1. Na の自由電子密度 n および移動度 μ は，それぞれ 2.5×10^{22} [cm^{-3}] および 55 [cm^2/Vs] である．このとき，Na の導電率 σ，抵抗率 ρ および緩和時間 τ を求めよ．
2. 室温で抵抗率 $\rho = 1.72 \times 10^{-6}$ [Ωcm] の一様な銅線がある．この銅線に $F = 0.01$ [V/cm] の電界を加えたときの電流密度 J，ドリフト速度 v_d，移動度 μ および緩和時間 τ を求めよ．ただし，銅線中の自由電子の密度を $n = 8.50 \times 10^{22}$ [cm^{-3}] とする．

第5章

量子力学の基礎

固体内の電子の振る舞いを理解するには，電子を粒子としてではなく波動として扱う必要がある．電子を波動として扱うには，量子力学の基礎知識が必要である．ここでは，第6章で述べる固体のバンド理論を理解するうえで必要最小限の量子力学の基礎を説明する．

5.1 物質の粒子性と波動性

1900年，プランクは黒体放射のスペクトル分布を説明するために，エネルギーの量子化の仮説を立て，プランク定数 h ($= 6.626 \times 10^{-34}$ [Js]) を導入した．プランクの仮説においては，振動数 ν を持つ光のエネルギーは，

$$E = h\nu \tag{5.1}$$

の整数倍の値しか取り得ない．このように，従来は連続的な値をとると考えられていた量がとびとびの値しかとれないことを，量子化または離散化とよぶ．こうすることによって，特に低エネルギーにおける黒体放射のスペクトル分布をうまく説明することができた．ここで，黒体放射とは，放射を完全に反射する一定温度に保たれた壁に囲まれた空洞内で熱平衡状態にある電磁波のことである．

その後1913年に，ボーアは，水素原子モデルにおいて，電子の軌道角運動量の 2π 倍がプランク定数 h の整数倍しか取り得ないという角運動量の量子化の概念を導入し，水素原子における光の吸収，放出を説明した．このように，エネルギーおよび運動量に対する量子化の概念の導入によって，従来の古典物理学では解釈が困難であった現象の説明がなされた．

さらに，アインシュタインは，1905年にプランクの量子化の概念を一般化し，周波数が ν である光 (電磁波) は式 (5.1) で与えられるエネルギー E の集まりで，そのエネルギーの総量は $h\nu$ の和として与えられるという光量子説を提唱した．このアインシュタインの光量子説によって，フォトンとよばれる光の粒子的な性質が明らかとなった．すなわち，量子力学においては光はフォトンとして扱われ，粒子性と波動性の両面を持つ．

一方，電子や中性子のような粒子のエネルギー E および運動量 p は粒子の質量を m，速度を v とすると，古典力学によると，

$$E = \frac{mv^2}{2} \tag{5.2}$$

$$p = mv \tag{5.3}$$

のように表される．しかし，1924年，ド・ブロイはこのような粒子は波動性も兼ね備えていることを指摘した．ド・ブロイによると，エネルギーおよび運動量は，

$$E = h\nu = \hbar\omega \tag{5.4}$$

$$p = \frac{h}{\lambda} = \hbar k \tag{5.5}$$

とも表される．ここで，ν は周波数，ω は角周波数，λ は波長，$k\,(=2\pi/\lambda)$ は波数，$\hbar = h/2\pi$ である．すなわち，従来は粒子であると考えられていた電子や中性子は，実は光と同様に粒子性と波動性の両面を持つことが明らかとなった．このような波は物質波またはド・ブロイ波とよばれている．

5.2 不確定性原理

前節で述べたように，光にしても電子のような物質にしても粒子性と波動性という2面性を持つ．この粒子性と波動性という2面性のために，ある特定の2つの物理量を同時に正確に決めることができなくなる．単一の波数 k の波の位置は1点 x で定めることはできず，空間全体に分布したものとなる．逆に，波束の位置が正確に決められる場合には，波数 k の値が非常に大きくなる．したがって，ある物質の波数 k とその位置 x を同時に正確に決めることはできない．一般に，量子力学の領域においては，ある特定の2つの物理量を同時に決めようとするとき，正確さに基本的な限界が存在する．これを不確定性原理とよび，1927年にハイゼンベルグによって指摘された．同時に決めることのできない2つの物理量を不確定性関係にあるという．

不確定性原理は，運動量 p および位置 x の不確定の程度を，それぞれ Δp および Δx とすると，

$$\Delta p \Delta x \geq \frac{\hbar}{2} \tag{5.6}$$

と表される．また，エネルギー E および時間 t の不確定さ ΔE および Δt の間には，

$$\Delta E \Delta t \geq \frac{\hbar}{2} \tag{5.7}$$

5.3 シュレディンガーの波動方程式

電子など，古典論では粒子として扱われていた微視的粒子のド・ブロイ波を定める方程式は，発見者にちなんでシュレディンガーの波動方程式またはシュレディンガー方程式とよばれている．量子力学においては，運動の状態は波動関数 $\Psi(x,t)$ で表され，これを決める方程式がシュレディンガー方程式である．シュレディンガー方程式は，古典力学におけるニュートンの運動方程式に対応する量子力学における基本方程式である．これは，ポテンシャルを $V(x)$ とすると1次元においては，

$$i\hbar \frac{\partial \Psi(x,t)}{\partial t} = -\frac{\hbar^2}{2m}\frac{\partial^2 \Psi(x,t)}{\partial x^2} + V(x)\Psi(x,t) \tag{5.8}$$

と表される．ここで，波動関数の絶対値の2乗は電子の存在確率を与える．

定常状態においては，時間に依存する項を変数分離によって除去することができる．時間に依存しない波動関数を $\phi(x)$ とすると，時間を含まない波動方程式は，

$$-\frac{\hbar^2}{2m}\frac{d^2\phi(x)}{dx^2} + V(x)\phi(x) = E\phi(x) \tag{5.9}$$

となる．式 (5.9) の左辺は，ちょうど系の全エネルギーに対応する演算子 (ハミルトニアン: H) を波動関数に作用させた形になっているので，波動関数はエネルギー演算子の固有関数として決まり，エネルギー E はその固有値として決まる．

波動関数には境界条件が課せられていて，これにより固有値が決まるので，エネルギー E が離散的な値をとることも連続的な値をとることもある．エネルギーが E_n である固有関数を，エネルギーが異なる状態を区別する添え字 n をつけて ϕ_n と表す．固有関数の定数倍の関数も，また同じ固有値を持つので，固有関数を規格化することができる．波動関数の絶対値の2乗が粒子を見つけ出す確率を与えるので，全空間で積分すると1となる．したがって，固有関数を，

$$\int_{-\infty}^{\infty} \phi_n^*(x)\phi_n(x)dx = 1 \tag{5.10}$$

のように規格化する．式 (5.10) が成立するためには $x \to \pm\infty$ で，

$$\phi_n(x) \to 0, \qquad \phi_n'(x) \to 0 \tag{5.11}$$

でなければならない．ここで，波動関数の2乗が確率密度であることと矛盾しないためには，波動関数は1価関数でなければならない．また，波動関数は2階微分方程式

38　第 5 章　量子力学の基礎

であるシュレディンガー方程式の解であるので，波動関数とその導関数はいたるところで連続である．

5.4　井戸型ポテンシャル

シュレディンガー方程式が正確に解ける簡単な問題として，図 5.1 に示す 1 次元井戸型ポテンシャル中の電子状態について考える．ここで，ポテンシャル井戸内 $(0 \leqq x \leqq L)$ ではポテンシャルエネルギー $V = 0$，井戸の両側 $(x < 0, L < x)$ では $V = \infty$ である．井戸内でのシュレディンガー方程式は，

$$-\frac{\hbar^2}{2m}\frac{d^2\phi(x)}{dx^2} = E\phi(x) \tag{5.12}$$

となる．式 (5.12) の一般解は，c_1，c_2 を定数として，

$$\phi(x) = c_1 \exp(ikx) + c_2 \exp(-ikx) \tag{5.13}$$

となる．ここで，

$$k = \frac{\sqrt{2mE}}{\hbar} \tag{5.14}$$

である．仮定により，電子は少しも壁に入り込めないので，境界面 $(x=0, x=L)$ では $\phi(x) = 0$ となる．

■ 図 5.1　1 次元井戸型ポテンシャル

まず，$\phi(0) = 0$ の条件から $c_1 = -c_2$ となるので，

$$\phi(x) = c_3 \sin(kx) \quad (c_3 = 2ic_1) \tag{5.15}$$

となる．さらに，境界条件 $\phi(L) = 0$ より，$\sin(kL) = 0$，すなわち，

$$k = \frac{n\pi}{L} \quad (n = 1, 2, 3, \cdots) \tag{5.16}$$

でなければならない．ここで，規格化条件，

$$\int_0^L |\phi(x)|^2\, dx = 1 \tag{5.17}$$

より，

$$\phi(x) = \sqrt{\frac{2}{L}} \sin\left(\frac{n\pi x}{L}\right) \quad (n = 1,\ 2,\ 3,\ \cdots) \tag{5.18}$$

$$E = \frac{\hbar^2 k^2}{2m} = \frac{\pi^2 \hbar^2}{2mL^2} n^2 \quad (n = 1,\ 2,\ 3,\ \cdots) \tag{5.19}$$

となる．

　以上の計算結果より，非常に深い井戸型ポテンシャル内に電子を閉じ込めた場合，電子は任意のエネルギー値を取るのではなく，許されるエネルギー状態が離散的になることが分かる．図 5.2 に $n = 1,\ 2,\ 3$ に対する電子のエネルギーおよび波動関数を示す．この図から分かるように，$k = n\pi/L$ に対応する場合には，x の正方向に進む波と，壁で反射されて x の負の方向に進む波が互いに干渉し合って定在波を作っている．

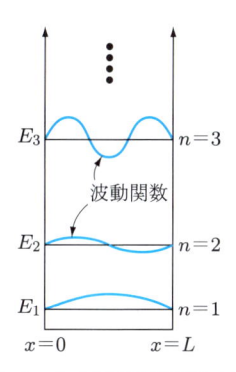

■ 図 5.2 　井戸型ポテンシャル中の電子の固有エネルギーおよび波動関数

5.5　トンネル効果

　図 5.3 に示すような高さ V_0 の障壁に，V_0 より低いエネルギー E を持った電子が図の領域Ⅰから入射した場合を考える．電子のエネルギーが障壁より低いので，古典論では電子は障壁で反射されて領域Ⅲに通り抜けていくことはないと考えられる．しかし，量子力学においては電子を波動として考えるので，障壁が薄い場合には一部の電子は領域Ⅲへと透過する．この現象を，トンネル効果という．

　ポテンシャルの幅を $0 \leqq x \leqq L$ （領域Ⅱ）とすると，領域Ⅰ，Ⅲおよび領域Ⅱにおけ

第 5 章 量子力学の基礎

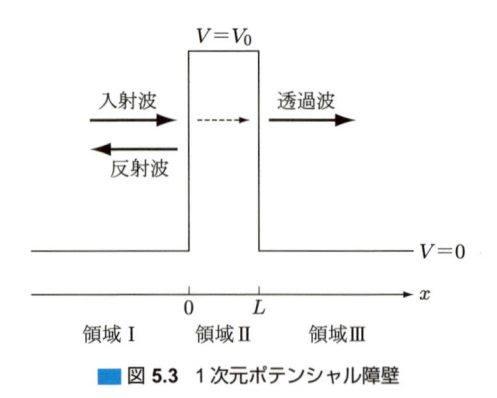

図 5.3 1次元ポテンシャル障壁

るシュレディンガー方程式はそれぞれ，

$$-\frac{\hbar^2}{2m}\frac{d^2\phi(x)}{dx^2} = E\phi(x) \quad 領域 \text{I}, \text{III} \tag{5.20}$$

$$-\frac{\hbar^2}{2m}\frac{d^2\phi(x)}{dx^2} + V_0\phi(x) = E\phi(x) \quad 領域 \text{II} \tag{5.21}$$

となる．ここで，

$$\alpha = \frac{\sqrt{2mE}}{\hbar} \tag{5.22}$$

$$\beta = \frac{\sqrt{2m(V_0 - E)}}{\hbar} \tag{5.23}$$

とおくと，次のようになる．

$$\frac{d^2\phi(x)}{dx^2} + \alpha^2\phi(x) = 0 \quad 領域 \text{I}, \text{III} \tag{5.24}$$

$$\frac{d^2\phi(x)}{dx^2} - \beta^2\phi(x) = 0 \quad 領域 \text{II} \tag{5.25}$$

式 (5.24), (5.25) より，各領域での波動関数はそれぞれ，

$$\phi_1(x) = c_1\exp(i\alpha x) + c_2\exp(-i\alpha x) \tag{5.26}$$

$$\phi_2(x) = c_3\exp(\beta x) + c_4\exp(-\beta x) \tag{5.27}$$

$$\phi_3(x) = c_5\exp(i\alpha x) + c_6\exp(-i\alpha x) \tag{5.28}$$

となる．領域 I における波動関数 $\phi_1(x)$ の第 1 項は入射波，第 2 項は反射波を表す．ここで，入射波の振幅を基準にとって $c_1 = 1$ とする．また，領域 III では，x の負の方向に入射してくる波は存在しないので $c_6 = 0$ となる．

式 (5.26)〜(5.28) を結び付ける境界条件は，$x = 0, L$ で $\phi(x)$ およびその導関数が連続であることにより，

$$\phi_1(0) = \phi_2(0) \tag{5.29}$$

$$\phi_1'(0) = \phi_2'(0) \tag{5.30}$$

$$\phi_2(L) = \phi_3(L) \tag{5.31}$$

$$\phi_2'(L) = \phi_3'(L) \tag{5.32}$$

となる．式 (5.29)～(5.32) を用いて式 (5.26)～(5.28) を解き，ポテンシャル障壁のトンネル確率 P を求めると以下のようになる．

$$P = |c_5|^2 = \frac{4\alpha^2\beta^2}{4\alpha^2\beta^2 + (\alpha^2+\beta^2)^2 \sinh^2 \beta L} \tag{5.33}$$

すなわち，障壁の厚さ L が十分小さい場合には，トンネル確率 P は有限な値を持ち，電子は領域Ⅲにも存在できるようになる．すなわち，波動関数は図 5.4 に模式的に示すように，領域Ⅱを通り抜けて領域Ⅲにしみ出していくことができる．

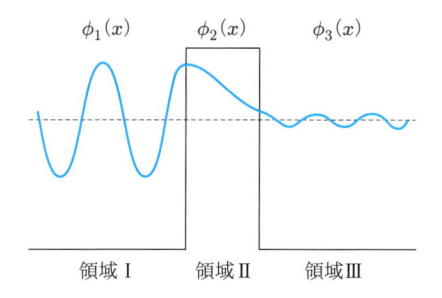

■ 図 5.4 ポテンシャル障壁を透過する電子の波動関数

5.6 水素原子

本章の最後に，水素原子における電子の波動関数を求める．図 5.5 に示すように，原子核の位置を原点にとり，極座標 (r, θ, ϕ) を用いる．原子核は $+q$ の電荷を持っており，その質量は電子に比べて十分大きいものとする．距離 r におけるポテンシャル $V(r)$ は，原子核の作る**クーロンポテンシャル**であり，

$$V(r) = -\frac{q^2}{4\pi\varepsilon_0 r} \tag{5.34}$$

で与えられる．ここで，ε_0 は真空の誘電率である．電子はこのポテンシャルの場の中を運動するので，シュレディンガー方程式は，

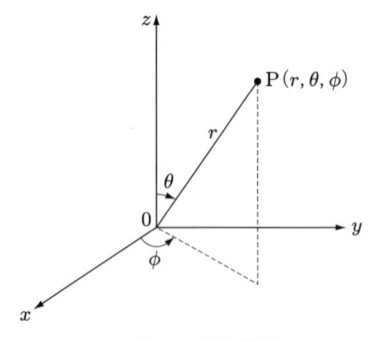

■ 図 5.5　極座標系

$$\frac{\hbar^2}{2m}\nabla^2\Psi(r,\,\theta,\,\phi) + \left(E + \frac{q^2}{4\pi\varepsilon_0 r}\right)\Psi(r,\,\theta,\,\phi) = 0 \tag{5.35}$$

となる（ここでは，角度 ϕ との混同を避けるために波動関数を $\Psi(r,\,\theta,\,\phi)$ で表している）．ここで，∇^2 はラプラシアンとよばれる微分演算子で，極座標においては次式で与えられる．

$$\nabla^2 = \frac{1}{r^2}\frac{\partial}{\partial r}\left(r^2\frac{\partial}{\partial r}\right) + \frac{1}{r^2\sin\theta}\frac{\partial}{\partial \theta}\left(\sin\theta\frac{\partial}{\partial \theta}\right) + \frac{1}{r^2\sin^2\theta}\frac{\partial^2}{\partial \phi^2} \tag{5.36}$$

式 (5.35) を解くためにまず，波動関数を次のように変数分離する．

$$\Psi(r,\,\theta,\,\phi) = R(r)\Theta(\theta)\Phi(\phi) \tag{5.37}$$

ここで，$R(r)$ は r だけの，$\Theta(\theta)$ は θ だけの，また $\Phi(\phi)$ は ϕ だけの関数である．

式 (5.37) を式 (5.35) に代入すると，偏微分方程式はそれぞれの変数について次の 3 つの常微分方程式に分離される．

$$\frac{d^2R}{dr^2} + \frac{2}{r}\frac{dR}{dr} + \left[\frac{2m}{\hbar^2}\left(E + \frac{q^2}{4\pi\varepsilon_0 r}\right) - \frac{l(l+1)}{r^2}\right]R = 0 \tag{5.38}$$

$$\frac{d^2\Theta}{d\theta^2} + \frac{\cos\theta}{\sin\theta}\frac{d\Theta}{d\theta} + \left[l(l+1) - \frac{m^2}{\sin^2\theta}\right]\Theta = 0 \tag{5.39}$$

$$\frac{d^2\Phi}{d\phi^2} + m^2\Phi = 0 \tag{5.40}$$

このとき分離定数 $l,\,m$ が必要となり，l を方位量子数，m を磁気量子数とよぶ（ここでは同じ文字を用いているが，式 (5.38) の m は質量であり，式 (5.39)，(5.40) の m は磁気量子数である）．

式 (5.38) を解くと，エネルギー E は定数 n を用いて次のように表される．

$$E_n = -\frac{mq^4}{2\hbar^2(4\pi\varepsilon_0)^2}\frac{1}{n^2} = \frac{\hbar^2}{2mr_B^2}\frac{1}{n^2} \tag{5.41}$$

ここで，n は主量子数とよばれ，1, 2, 3, ⋯ の値をとる．また r_B はボーア半径とよばれ，

$$r_B = \frac{4\pi\varepsilon_0\hbar^2}{mq^2} \tag{5.42}$$

で，定数を代入して計算すると $r_B = 0.529$ Å となる．また，式 (5.41) は，

$$E_n = -\frac{13.6}{n^2} \quad [\text{eV}] \tag{5.43}$$

となる．ここで，式 (5.38) の解が有限であるためには l の値は，

$$l \leqq n - 1 \tag{5.44}$$

でなければならない．

さらに，式 (5.39), (5.40) の解が，θ および ϕ に対して 2π ごとに同じ関数値を持たなければならないという条件から，l, m は整数で，しかも，

$$|m| \leqq l \tag{5.45}$$

でなければならない．以上をまとめると，n, l, m の取り得る値は，

$$n = 1, 2, 3, \cdots \tag{5.46}$$

$$l = 0, 1, 2, \cdots, n-2, n-1 \tag{5.47}$$

$$m = -l, -l+1, \cdots, 0, \cdots, l-1, l \tag{5.48}$$

となる．

また，式 (5.38), (5.39) の解はそれぞれラゲールの陪多項式，ルジャンドルの陪関数とよばれる関数になるが，ここでは詳細は省略する．

原子番号 Z の原子は，原子核に $+Zq$ クーロンの電荷を持ち，まわりに Z 個の電子が存在している．n, l, m で決まる1つの量子状態には上向きと下向きのスピンを有する2つの電子しか入ることはできない．これをパウリの排他律という．したがって，Z 個の電子はエネルギーの低い軌道から1つずつ順番に入っていく．

電子状態を指定する場合，最初に主量子数 n を決め，次に l を，さらに m を指定する．n の小さい値に対して，n, l, m の組み合わせを示すと表 5.1 のようになる．この表で，$l = 0, 1, 2, \cdots$ で示される状態は，それぞれ s, p, d, ⋯ とよばれている．したがって，エネルギー準位は低い方から順に，$1s$, $2s$, $2p$, $3s$, $3p$, $3d$, ⋯ と表される．ここで，$l \geqq 1$ の準位においては，磁気量子数 m の値が異なる $(2l+1)$ 個

■ 表 5.1 量子数と軌道の名称

主量子数 n	方位量子数 l	磁気量子数 m	名称
1	0	0	$1s$
2	0	0	$2s$
	1	-1	$2p$
		0	
		1	
3	0	0	$3s$
	1	-1	$3p$
		0	
		1	
	2	-2	$3d$
		-1	
		0	
		1	
		2	
...	...	...	...

の組み合わせが存在し，これらの準位はすべて同じエネルギー固有値を持つ．このように，量子数の組み合わせが異なるいくつかの準位が同じエネルギーを持つ場合，その準位は縮退しているという．したがって，$s, p, d, \cdots$ で表される軌道には，それぞれ 2 個，6 個，10 個，$\cdots$ の電子を収容できる．元素の電子配置を付録 5 に示す．

演習問題 5

1. 光の速度を c，自由電子の質量を m とするとき，光の場合および自由電子の場合について，エネルギー E と波数 k の関係を求めよ．
2. (1) エネルギー 1 [eV] の光の周波数 ν，波数 k および波長 λ を求めよ．
   (2) エネルギー 1 [eV] の電子の周波数 ν，波数 k および波長 λ を求めよ．
   (3) 光と電子のエネルギーと波数がともに一致する点のエネルギーを求めよ．
3. 無限に深い井戸型ポテンシャルの問題において，井戸の幅 L が 10 [Å] の場合および 100 [Å] の場合の最低のエネルギー準位を求めよ．

第6章
固体のエネルギーバンド理論

　金属中の伝導電子の振る舞いを知るためには，周期的に並んだ正イオンによるクーロンポテンシャルを考慮してシュレディンガー方程式を解かなければならない．この計算は非常に複雑であるので，まず最も単純化して，伝導電子に働く力を無視し，伝導電子は結晶中を自由に運動できるとしたモデルを考える．このモデルを金属の自由電子モデルといい，金属の電気的性質は割合よく説明できる．しかし，このモデルでは半導体，絶縁体および半金属の性質に関しては説明できない．

　そこで，次に周期的なクーロンポテンシャルを単純化してシュレディンガー方程式を解くクローニッヒ・ペニーのモデルを説明する．この理論によって，結晶原子の集団からなるエネルギーバンドの形成が導かれ，金属，半導体，絶縁体および半金属の区別ができることを示す．さらに，エネルギーバンド内の電子の運動方程式を導き，有効質量および正孔という新しい概念を導入する．

6.1 金属の自由電子モデル

　4.1節で述べたように，一価金属であるNaにおいては，$3s$電子(自由電子)の作る軌道は結晶全体に広がっている．この様子を図6.1に示す．実際の結晶における原子間距離においては，Na原子間のポテンシャルの山は$3s$軌道のエネルギーより小さくなる．Na原子の数がN個の場合，$3s$軌道のエネルギー準位は，原子相互間の影響を受けてきわめてわずかに値の異なるN個の準位から構成されたエネルギーバンドを構成する．パウリの排他律により各準位に収容できる電子数は2個ずつであるから，このエネルギーバンドに収容できる電子の個数は$2N$個である．

　さらに，$3s$準位の上にあって3個の準位が縮退していた$3p$準位は，図6.1に示すように，$3s$準位の作るエネルギーバンドと重なったバンドを形成し，あたかもそれらが1つのバンドを形成しているように見える．この重なったバンドに収容できる電子の個数は，$3s$バンドに$2N$個，$3p$バンドに$6N$個であるので，合計$8N$個となる．このうち，実際には自由電子はN個しか入っていないので，バンドの上の方のエネル

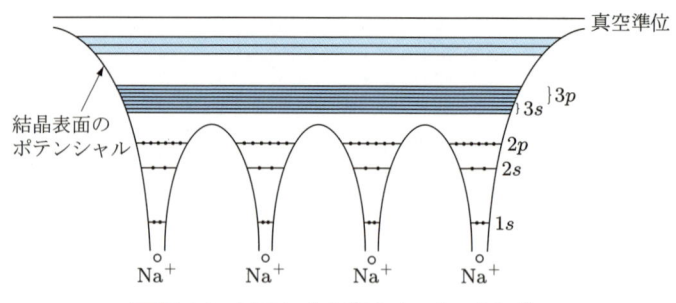

図 6.1 金属 Na 中のポテンシャルエネルギー

ギー準位は空いていることになる．このことが，後に述べるように，金属が電気の良導体であることの原因である．

ここで，3s 準位より下の準位にある電子は原子に強く束縛されている殻内電子で，電気伝導にはまったく寄与しない．したがって，これらの電子を考慮から除外し，3s と 3p のエネルギーバンド内の自由電子にのみ着目し，金属中の自由電子のポテンシャルを 5.4 節で述べたような井戸型ポテンシャルで近似する．すなわち，図 6.2 に示すように，金属内部ではポテンシャルは一定で $V=0$ であり，金属表面ではポテンシャルは無限大で $V=\infty$ であるポテンシャル井戸に電子が閉じ込められていると考える．このような考えに基づく理論を，**金属の自由電子論**または**ゾンマーフェルトの自由電子論**とよぶ．

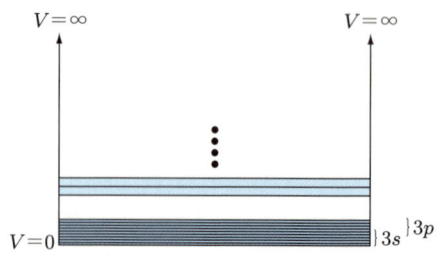

図 6.2 金属の自由電子モデル

このモデルに基づき，金属中の自由電子の取り得るエネルギー状態について考える．図 6.2 に示すポテンシャル井戸中における電子のシュレディンガー方程式は，3 次元では，

$$-\frac{\hbar^2}{2m}\left(\frac{\partial^2 \phi}{\partial x^2}+\frac{\partial^2 \phi}{\partial y^2}+\frac{\partial^2 \phi}{\partial z^2}\right)=E\phi \tag{6.1}$$

となる．ここで，m は電子の質量であり，$\phi(x, y, z)$ は電子の波動関数である．一辺の長さが L の立方体結晶を考え，次のような**周期的境界条件**を用いる．

$$\phi(0, y, z) = \phi(L, y, z)$$
$$\phi(x, 0, z) = \phi(x, L, z) \qquad (6.2)$$
$$\phi(x, y, 0) = \phi(x, y, L)$$

式 (6.2) を満たす式 (6.1) の解は,

$$\phi(x, y, z) = \frac{1}{\sqrt{L^3}} \exp[i(k_x x + k_y y + k_z z)] \qquad (6.3)$$

となる. ここで, k_x, k_y, k_z は波数であるが, 式 (6.2) の周期的境界条件から,

$$\begin{aligned} k_x &= \frac{2\pi n_x}{L} \quad (n_x = 0, \pm 1, \pm 2, \cdots) \\ k_y &= \frac{2\pi n_y}{L} \quad (n_y = 0, \pm 1, \pm 2, \cdots) \\ k_z &= \frac{2\pi n_z}{L} \quad (n_z = 0, \pm 1, \pm 2, \cdots) \end{aligned} \qquad (6.4)$$

のとびとびの値しか取ることはできない. また, エネルギー E は,

$$\begin{aligned} E &= \frac{\hbar^2 k^2}{2m} = \frac{\hbar^2}{2m}(k_x^2 + k_y^2 + k_z^2) \\ &= \frac{h^2}{2mL^2}(n_x^2 + n_y^2 + n_z^2) \end{aligned} \qquad (6.5)$$

となる. ここで, n_x, n_y, n_z は量子数であって, これらの各 1 組に対して, 1 つのエネルギー準位が定まる. L は大きな値であるので, $(h^2/2mL^2)$ は非常に小さくなり, 各準位の差は非常に小さく, エネルギーは連続的に変化すると見なせる.

量子数 (n_x, n_y, n_z) の 1 組 1 組によって波数 (k_x, k_y, k_z) の 1 組 1 組が定まり, これに対応してエネルギー準位 E が定まる. よって, k_x, k_y, k_z を 3 次元の座標軸に取った波数空間を考えると, 図 6.3 に示すような格子定数が $(2\pi/L)$ の単純立方格子の各格子点が可能な量子状態を表す. 図 6.3 は, 1 辺の長さが $(2\pi/L)$ のサイコロを積み重ねた図と見なせるので, 1 つの格子点と 1 つのサイコロを 1 対 1 に対応させることができる.

ここで, k 空間中の微小体積 $\Delta k = \Delta k_x \Delta k_y \Delta k_z$ 中に含まれる量子状態の数を計算する. これは, Δk 中に含まれる格子点の数を数えればよいので, Δk をサイコロの体積 $(2\pi/L)^3$ で割ればよい. $L^3 = V$ を結晶の体積とすれば,

$$\frac{\Delta k}{(2\pi/L)^3} = \frac{V}{(2\pi)^3}\Delta k \qquad (6.6)$$

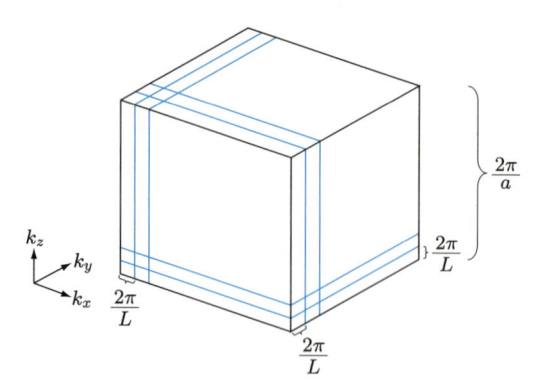

図 6.3 波数空間における格子定数 $(2\pi/L)$ の単純立方格子

となる．電子の場合には，1つのエネルギー準位に上向きと下向きの2つのスピンを持った電子が入り得るので，Δk 内の電子の量子状態数は式 (6.6) を2倍して，

$$\frac{2V}{(2\pi)^3}\Delta k \tag{6.7}$$

とすればよい．

L は大きい値なので，$(2\pi/L)$ は $(2\pi/a)$ に比べると非常に小さく，波数空間における格子点は密に連続的に分布していると見なせる．よって，式 (6.7) の Δk は，3次元 k 空間における半径 k と $(k+dk)$ の球の間の体積，すなわち半径 k の球の表面積 $4\pi k^2$ に球殻の厚さ dk をかけたもので表される．すなわち，

$$\Delta k \sim 4\pi k^2 dk \tag{6.8}$$

となる．ここで，変数を k から E に変えるために，式 (6.5) から k^2 と dk を求めると，

$$k^2 = \frac{2m}{\hbar^2}E \tag{6.9}$$

$$dk = \frac{\sqrt{2m}}{2\hbar}\frac{dE}{\sqrt{E}} \tag{6.10}$$

となる．式 (6.8)〜(6.10) を用いて式 (6.7) を変形すると，dE 内の電子の量子状態数は次のようになる．

$$\frac{2V}{(2\pi)^2}\left(\frac{2m}{\hbar^2}\right)^{3/2}\sqrt{E}dE \tag{6.11}$$

ここで，結晶の単位体積当り，単位エネルギー当りの電子の量子状態の数を状態密度とよび，$g(E)$ で表す．この $g(E)$ は，式 (6.11) を VdE で割ったものであり，

$$g(E) = \frac{1}{2\pi^2}\left(\frac{2m}{\hbar^2}\right)^{3/2}\sqrt{E} \tag{6.12}$$

と表される．$g(E)$ は図 6.4 に示すように $E^{1/2}$ に比例するが，これは単純立方格子の自由電子の状態密度であって，実際の物質の状態密度はこれより複雑な形となる．

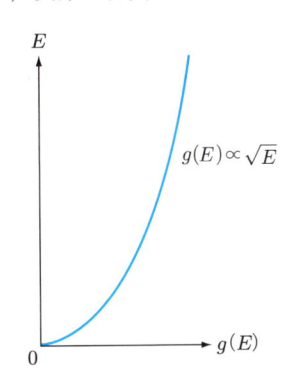

■ 図 6.4　3 次元結晶内の自由電子の状態密度

6.2　フェルミ・ディラック分布

統計力学によれば，熱平衡状態においてエネルギー E の状態に電子が存在する確率はフェルミ・ディラック分布 $f(E)$ に従い，次式で与えられる．

$$f(E) = \frac{1}{\exp\left(\dfrac{E - E_F}{k_B T}\right) + 1} \tag{6.13}$$

ここで，k_B はボルツマン定数，T は絶対温度であり，E_F はフェルミエネルギーまたはフェルミレベルとよばれるパラメータである．

絶対零度においては，式 (6.13) は，
(a)　$E < E_F$ の場合 $\exp[(E - E_F)/k_B T] = 0$ であるから $f(E) = 1$
(b)　$E = E_F$ の場合 $\exp[(E - E_F)/k_B T] = 1$ であるから $f(E) = 1/2$
(c)　$E > E_F$ の場合 $\exp[(E - E_F)/k_B T] = \infty$ であるから $f(E) = 0$

となるので，図 6.5 に示すような階段型の関数となる．すなわち，パウリの排他律により電子を下の準位から順につめていった場合，電子はちょうどフェルミエネルギー E_F の準位までつまっていて，E_F 以上のエネルギーを持った電子は存在しない．

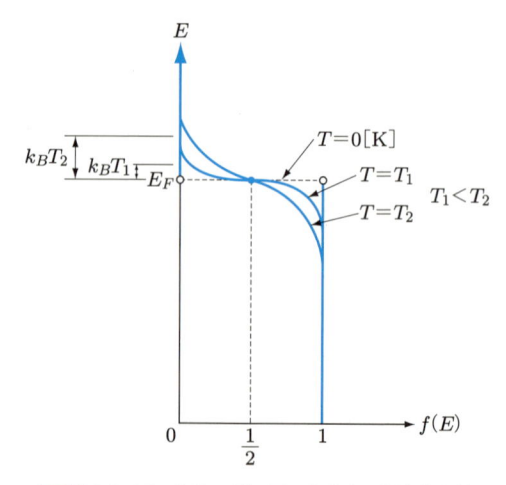

■ 図 6.5 フェルミ・ディラック分布の温度依存性

これに対して，温度が上がっていくと電子は熱エネルギーをもらうので，E_F 以下の準位にいた電子が E_F より上の準位に励起される．このため，E_F 以下のエネルギーを持つ電子の存在確率は 1 より減少し，その分 E_F 以上のエネルギーを持つ電子が増加する．ただし，$E = E_F$ においては，温度に関係なく $f(E) = 1/2$ となる．この様子を図 6.5 に示す．実際には，この電子の移動の起こるエネルギー幅は $k_B T$ 程度であるので，金属においては E_F に比べると非常に小さい．

6.3 金属の電子密度分布とフェルミレベル

一般に，電子密度 n は次式で与えられる．

$$n = \int_0^\infty g(E) f(E) dE \tag{6.14}$$

この式の意味は，電子が入り得る状態の数 (状態密度：$g(E)$) にそのエネルギーにおける電子の存在確率 (フェルミ・ディラック分布：$f(E)$) をかけると実際の電子数が求まるということである．ただし，状態密度もフェルミ・ディラック分布もともにエネルギーの関数であるので，エネルギーで積分する必要がある．

金属の自由電子モデルにおいては，状態密度 $g(E)$ は式 (6.12) で与えられる．さらに，絶対零度においてはフェルミ・ディラック分布は階段型の関数となるので，式 (6.14) は次のように正確に計算できる．

$$n = \int_0^{E_F} g(E)f(E)dE + \int_{E_F}^{\infty} g(E)f(E)dE$$

$$= \int_0^{E_F} g(E)\,dE$$

$$= \frac{1}{2\pi^2}\left(\frac{2m}{\hbar^2}\right)^{3/2}\int_0^{E_F}\sqrt{E}\,dE \qquad (6.15)$$

$$= \frac{1}{3\pi^2}\left(\frac{2m}{\hbar^2}\right)^{3/2} E_F{}^{3/2}$$

この式より，逆に E_F を求めると，

$$E_F = \frac{\hbar^2}{2m}(3\pi^2 n)^{2/3} \qquad (6.16)$$

となる．式 (6.16) より，E_F は $n^{2/3}$ に比例することがわかる．以上の結果を図示すると図 6.6(a) のようになる．すなわち，絶対零度においては，あらかじめ用意された状態密度 $g(E)$ のエネルギーの低い方から n 個の電子をつめていくと，ちょうどフェルミレベル E_F の準位まで電子がつまることになる．温度が上昇すると，状態密度の型は変わらないがフェルミ・ディラック分布が図 6.5 に示したように変化するので，電子密度の分布は図 6.6(b) のようになる．これは，フェルミレベル近傍の電子が熱エネルギーをもらって，より高いエネルギー準位に遷移したことを表している．

フェルミエネルギー E_F の単位を，波数，速度，温度の単位に変換した量をそれぞれフェルミ波数 k_F，フェルミ速度 v_F，フェルミ温度 T_F とよび，それぞれ次式で与えられる．

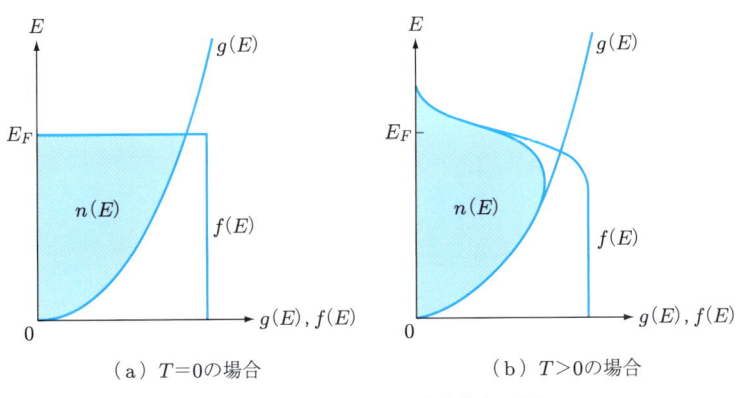

(a) $T=0$ の場合　　(b) $T>0$ の場合

図 6.6　温度による電子密度分布の変化

$$k_F = \frac{\sqrt{2mE_F}}{\hbar} = (3\pi^2 n)^{1/3} \tag{6.17}$$

$$v_F = \frac{\hbar k_F}{m} = \frac{\hbar}{m}(3\pi^2 n)^{1/3} \tag{6.18}$$

$$T_F = \frac{E_F}{k_B} = \frac{\hbar^2}{2mk_B}(3\pi^2 n)^{2/3} \tag{6.19}$$

　ここでは，金属の自由電子モデルに基づいて，絶対零度の場合の電子密度およびフェルミレベルを計算した．このモデルを用いることによって，金属の電子伝導および電子比熱の理論を定性的に説明することができる．すなわち，金属の電子伝導および熱伝導においては，金属中の自由電子すべてが関与するのではなく，フェルミレベル近傍の自由電子のみが関与する．

6.4　クローニッヒ・ペニーのモデル

　実際の固体内のポテンシャル分布は，すでに見たように図 6.1 のようになっている．このような周期ポテンシャル内の電子の運動は，シュレディンガーの波動方程式を解くことによって求められる．しかし，図 6.1 のポテンシャルをそのまま扱うのは困難であるため，前節までは図 6.2 のように近似した自由電子モデルを扱った．ところが，このモデルでは単純化しすぎたため，実際の金属や半導体のエネルギーバンド構造を説明することはできない．そこで，ここでは図 6.1 の周期ポテンシャルを，図 6.7 に示すような周期的な矩形ポテンシャルで近似する．このモデルをクローニッヒ・ペニーモデルという．ポテンシャルが低い部分 ($V = 0$) が原子が存在する場所，ポテンシャルが高い部分 ($V = V_0$) が原子と原子の中間と考えればよい．クローニッヒ・ペ

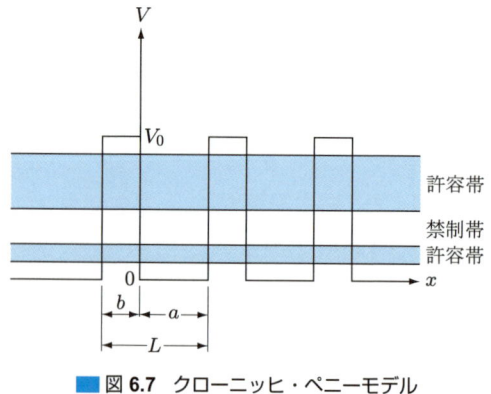

図 6.7　クローニッヒ・ペニーモデル

ニーモデルを用いると，実際のバンド構造をうまく説明することができる．また，第 12 章で述べるように，半導体超格子内の電子状態はクローニッヒ・ペニーモデルで正確に記述できる．

ここで，障壁の幅 b が薄いので，5.5 節で述べたトンネル効果が生ずる．この結果，隣の井戸への電子の波動関数のしみ出しが大きくなるため，図 6.7 に示すように，許容されるエネルギー準位に幅が生ずる．このようなエネルギーバンドを許容帯とよび，許容帯と許容帯の間を電子が取り得ないエネルギーバンドという意味で禁制帯とよぶ．

まず，シュレディンガーの波動方程式を，以下に示す 2 つの領域で解く．

(1) $0 \leq x \leq a$, $V(x) = 0$

$$\frac{d^2\phi_1(x)}{dx^2} + \alpha^2 \phi_1(x) = 0, \quad \alpha^2 = \frac{2mE}{\hbar^2} \tag{6.20}$$

(2) $-b \leq x \leq 0$, $V(x) = V_0$

$$\frac{d^2\phi_2(x)}{dx^2} - \beta^2 \phi_2(x) = 0, \quad \beta^2 = \frac{2m(V_0-E)}{\hbar^2} \tag{6.21}$$

ただし，$V_0 - E > 0$ とする．

ここで，式 (6.20), (6.21) には，ポテンシャルが周期的に変化していることは含まれていない．このモデルの場合，ポテンシャルの周期は $a+b=L$ であるので，x の点での電子の存在確率 $|\phi(x)|^2$ は $x+L$ の点での電子の存在確率 $|\phi(x+L)|^2$ に等しくなければならない．しかし，伝搬する電子波の位相はある距離 x だけ伝搬すれば kx だけずれる．したがって，この位相のずれを考慮すると，周期ポテンシャル中の電子の波動関数 $\phi(x)$ は以下のように表される．

> $V(x) = V(x+L)$ のとき
> $\phi(x) = U(x)\exp(ikx)$ とおけば，
> $U(x) = U(x+L)$ が成り立つ．

これをブロッホの定理という．すなわち，波動関数 $\phi(x)$ を振幅に関する項 $U(x)$ と位相に関する項 $\exp(ikx)$ に分けると，振幅に関する項 $U(x)$ は L の周期関数になる．

この問題の場合には，

$$\phi_1(x) = U_1(x)\exp(ikx) \tag{6.22}$$

$$\phi_2(x) = U_2(x)\exp(ikx) \tag{6.23}$$

とおけるので，これらを式 (6.20), (6.21) に代入し整理すると，

$$\frac{d^2 U_1(x)}{dx^2} + 2ik\frac{dU_1(x)}{dx} + (\alpha^2 - k^2)U_1(x) = 0 \tag{6.24}$$

第6章 固体のエネルギーバンド理論

$$\frac{d^2U_2(x)}{dx^2} + 2ik\frac{dU_2(x)}{dx} - (\beta^2 + k^2)U_2(x) = 0 \tag{6.25}$$

となる．これらの方程式の一般解は，A，B，C，D を任意定数として，

$$U_1(x) = A\exp[i(\alpha-k)x] + B\exp[-i(\alpha+k)x] \tag{6.26}$$

$$U_2(x) = C\exp[(\beta-ik)x] + D\exp[-(\beta+ik)x] \tag{6.27}$$

と表される．

ここで，$U(x)$ およびその微係数は $x = 0$，a で連続でなければならないので，次の境界条件を満たす必要がある．

$$U_1(0) = U_2(0) \tag{6.28}$$

$$U_1{}'(0) = U_2{}'(0) \tag{6.29}$$

$$U_1(a) = U_2(-b) \tag{6.30}$$

$$U_1{}'(a) = U_2{}'(-b) \tag{6.31}$$

式 (6.26)，(6.27) を式 (6.28)〜(6.31) に代入すると，

$$A + B = C + D \tag{6.32}$$

$$i(\alpha-k)A - i(\alpha+k)B = (\beta-ik)C - (\beta+ik)D \tag{6.33}$$

$$Ae^{i(\alpha-k)a} + Be^{-i(\alpha+k)a} = Ce^{-(\beta-ik)b} + De^{(\beta+ik)b} \tag{6.34}$$

$$i(\alpha-k)Ae^{i(\alpha-k)a} - i(\alpha+k)Be^{-i(\alpha+k)a}$$
$$= (\beta-ik)Ce^{-(\beta-ik)b} - (\beta+ik)De^{(\beta+ik)b} \tag{6.35}$$

となる．式 (6.32)〜(6.35) において，任意定数 A，B，C，D がともに 0 でない解を持つためには，A，B，C，D にかかる係数がつくる行列の行列式が 0 でなければならない．この条件を計算すると，

$$\frac{\beta^2 - \alpha^2}{2\alpha\beta}\sinh\beta b \cdot \sin\alpha a + \cosh\beta b \cdot \cos\alpha a = \cos kL \tag{6.36}$$

となる．これが，求めたい E と k の関係を与える式である．

具体的に数値を代入して E-k の関係を表すと図 **6.8** のようになる．この図で破線で表した放物線は自由電子の場合の E-k 関係である．k が小さいときは，周期ポテンシャル内の電子は自由電子と似た振る舞いをしている．しかし，k が大きくなり $k = \pi/L$ の近くになると，自由電子との差が大きくなり，$k = \pi/L$ ではエネルギー固有値にギャップが生ずる．これは，ギャップの生じているエネルギー範囲の電子に対

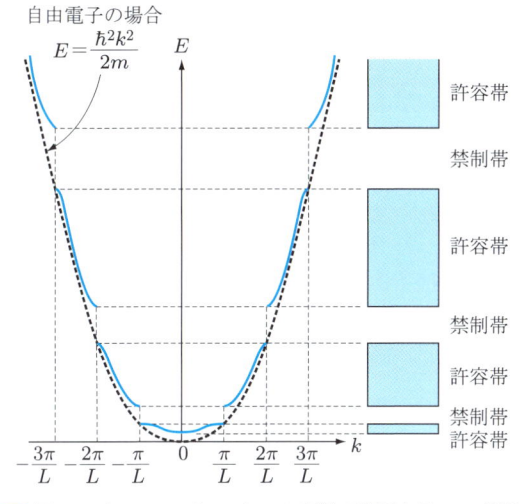

図 6.8 クローニッヒ・ペニーモデルで得られる E-k 関係
破線は自由電子の場合の E-k 関係

しては，実数解が存在せず，電子は固体内を伝搬できないことを表している．すなわち，このギャップのエネルギー範囲が禁制帯に対応する．これに対して，解の存在するエネルギー範囲が許容帯である．

エネルギーギャップが生じる k の値は，π/L の周期で現れている．これらの $k = n\pi/L$ の点では，x 軸の正の方向に伝搬する波と，負の方向に伝搬する波とが干渉を起こし，定在波を形成している．定在波が形成されると，電子の伝搬は起き得なくなる．これは，1.6 節で述べた結晶に対する X 線がブラッグの回折条件を満たし，ブラッグ反射を起こしていることに対応する．

図 6.8 に示した E-k 関係は，E を k の 1 価関数として表現したものである．しかし，ブロッホ関数の性質から，波数を $2\pi/L$ の整数倍だけずらしても，同一の電子状態を与える．また，このことは式 (6.36) の右辺において，k の値を $2\pi/L$ の整数倍だけずらしても，右辺の値は変わらないことからもわかる．このことから，k の範囲を $-\pi/L \leqq k \leqq \pi/L$ に限ることができる．この範囲を第 1 ブリルアンゾーンという．すなわち，図 6.9 に示すように，第 1 ブリルアンゾーンの外側の E-k 関係を，第 1 ブリルアンゾーンの中に持ってくることができる．このように表した図 6.9 のような E-k 関係を還元領域表示とよぶ．また，$-2\pi/L \leqq k \leqq -\pi/L$ と $\pi/L \leqq k \leqq 2\pi/L$ の領域を第 2 ブリルアンゾーン，$-3\pi/L \leqq k \leqq -2\pi/L$ と $2\pi/L \leqq k \leqq 3\pi/L$ の領域を第 3 ブリルアンゾーンとよぶ．これからは，すべて第 1 ブリルアンゾーンの中だけで議論すればよい．

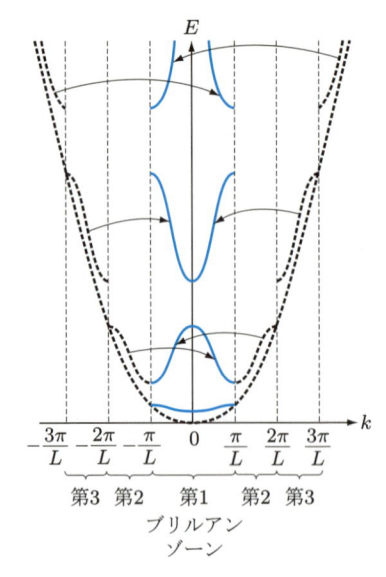

■ 図 6.9　E-k 関係の還元領域表示

6.5　結晶内における電子の運動

6.5.1　運動方程式

電子の速度 (群速度) は 2.1 節で述べたように，

$$v_g = \frac{d\omega}{dk} = \frac{d(\hbar\omega)}{d(\hbar k)} = \frac{1}{\hbar}\frac{dE}{dk} \tag{6.37}$$

と表される．

一方，ある微小時間 dt の間に電界 F によって電子になされる仕事 dE は，

$$dE = -qFv_g\, dt \tag{6.38}$$

である．ここで，

$$dE = \frac{dE}{dk}\, dk \tag{6.39}$$

と変形し，式 (6.37) を代入すると，

$$dE = \hbar v_g\, dk \tag{6.40}$$

となる．式 (6.38) と式 (6.40) を比較すると，

$$\frac{d(\hbar k)}{dt} = -qF = f \tag{6.41}$$

が得られる．ここで，f は電子に働く力である．式 (6.41) が固体中の電子の運動を表す基本方程式である．

次に，加速度 a は，

$$a = \frac{dv_g}{dt} = \frac{1}{\hbar}\frac{d}{dt}\frac{dE}{dk} = \frac{1}{\hbar}\frac{d^2 E}{dk^2}\frac{dk}{dt} = \frac{1}{\hbar^2}\frac{d^2 E}{dk^2}f \tag{6.42}$$

となる．この式を，古典力学におけるニュートンの運動方程式 $f = ma$ と比較すると，あたかも質量が，

$$m^* = \frac{\hbar^2}{\dfrac{d^2 E}{dk^2}} \tag{6.43}$$

となったかのように見える．この m^* を**有効質量**とよび，一般には真空中の電子の質量とは異なった値をとる．逆に，有効質量を式 (6.43) のように定めれば，周期ポテンシャル中を運動する電子をニュートンの法則にあてはめて議論することができる．

ここで，クローニッヒ・ペニーモデルで得られた E-k の関係図を使って，電子の群速度と有効質量を計算する．群速度は式 (6.37) で与えられ，有効質量は式 (6.43) で

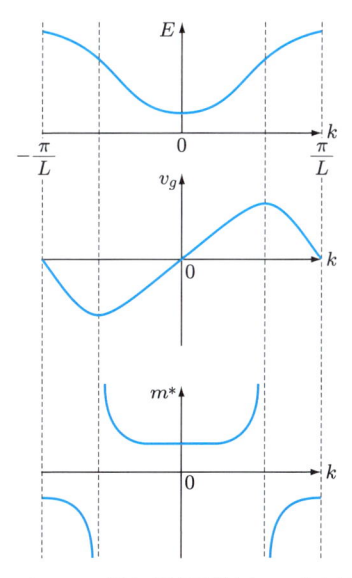

■ 図 6.10 クローニッヒ・ペニーモデルにおける群速度 v_g と有効質量 m^* の波数 k 依存性

与えられる．図 6.10 は許容帯の 1 つを取り出し，その中で群速度と有効質量を計算したものである．k が 0 の状態から正の方向に増加していくと，しだいに群速度は大きくなっていく．また，有効質量はほぼ一定である．しかし，さらに k の値が増加していくと，群速度は E-k 関係の変曲点において最大値をとり，それ以後は減少し，ブリルアンゾーンの端では 0 となる．これに伴い，有効質量は一度正の無限大に発散した後，負に転じている．これは，すでに述べたように，ブリルアンゾーンの境界では定在波ができることに起因している．すなわち，正の方向に力を受けているにもかかわらず，周期ポテンシャルからの反射成分が強くなり，負の方向に戻される成分が増えるためである．k の負の方向に眺めた場合も同様である．

■ 6.5.2　理想結晶内での電子の運動

不純物などの結晶の不完全性や格子振動による散乱が無視できるような理想結晶内での電子の運動を考える．図 6.11 に示すように，正の方向に電界 F が印加されると，はじめ点 A にいた電子は電界からエネルギーをもらい，電界と逆方向に動き始める．この場合，散乱を考えていないので，電子は A から B, C へと k 空間を等速で動く．点 C に到達した電子は，点 C' に移る．これは，第 1 ブリルアンゾーン内では点 C と点 C' は等価な点であるので，点 C と点 C' は同一であると見なせるからである．これを，電子がブラッグ反射 を受けたと表現する．結局，電子は $A \to B \to C \to C' \to D \to A$ と周期的な運動をする．このように，実空間のある限られた範囲を往復運動しつづける現象をブロッホ振動という．残念ながら，実際の結晶ではブロッホ振動は起きないが，第 12 章で述べる半導体超格子では，周期 L が大きいため第 1 ブリルアンゾーン内にミニゾーンが形成されることにより，ブロッホ振動が観測されている．

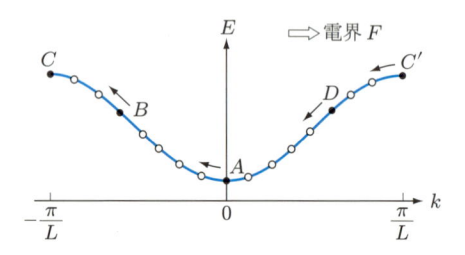

■ 図 6.11　電子の散乱がない場合の電子の運動

■ 6.5.3　実際の結晶内での電子の運動

実際の結晶では前節で述べたブロッホ振動は観測されない．これは不純物などの結晶の不完全性や格子振動などによって，結晶の周期的ポテンシャルが乱されるため，

電子はこれらとの散乱によってエネルギーおよび波数を失っていくためである．このため，電子は周期運動することなく，ある定常状態に落ち着いてしまう．

図6.12に示すように，1つの許容帯に途中まで電子が入っている状態を考える．電界がかかっていないときは，図6.12(a)に示すように，電子は対称に分布している．このため，正の方向に進む電子と負の方向に進む電子の数は等しいので，これらを平均すると電子の速度は0となり電流は流れない．この状態に正の電界 F を印加すると，正の方向に進む電子数は減少し，その分だけ負の方向に進む電子数が増加するため，定常状態では電子分布は図6.12(b)のようになる．正味の電流はこの電子分布のずれによって生じる．

(a) 熱平衡状態　　(b) 電界 F が印加された場合

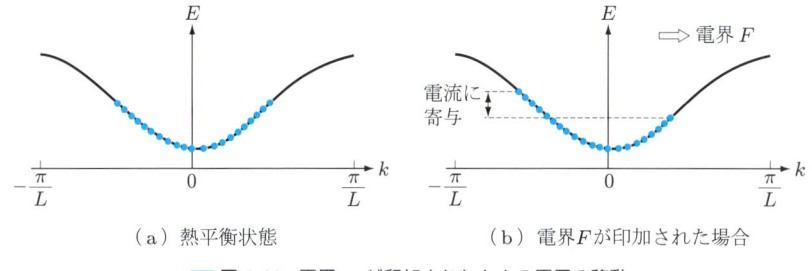

■ 図 6.12　電界 F が印加されたときの電子の移動

6.5.4　正　孔

次に，許容帯がほとんど電子で満たされている場合を考える．これは，半導体の価電子帯に相当する．価電子帯の中の空の準位は，正孔とよばれる．正孔は，電場や磁場の中であたかも正の電荷 $+q$ を持つ粒子のように振る舞う．

図6.13に示すように，許容帯において $k = k_e$ の電子を1つ取り除いた場合を考える．ここで，図6.12と異なり E–k の関係が上に凸の形をしているのは，実際の半導体の価電子帯が $k = 0$ 付近で上に凸の形をしているためである．この場合，取り除いた $k = k_e$ の電子の波数と，残りの電子すべての波数を加えたものは0となる．

$$k_e + (-k_e) = 0 \tag{6.44}$$

すなわち，電子が1つ欠けている場合の価電子帯の全電子の波数 k の値は，式(6.44)左辺第2項の $-k_e$ となる．これが正孔が持つ k の値である．すなわち，正孔の波数は，残りの電子の波数すべてを合計したものとなる．

今度は，図6.14に示すように $k = 0$ の位置に1つの抜け穴があり，電界を印加したとする．すると，すべての電子は一様に k 軸の負の方向に移動するから，抜け穴は $-k$ の方向へ移動する．この場合，実際に正孔が持つ k の値 k_h は，式(6.44)から

■ 図 6.13　正孔の波数

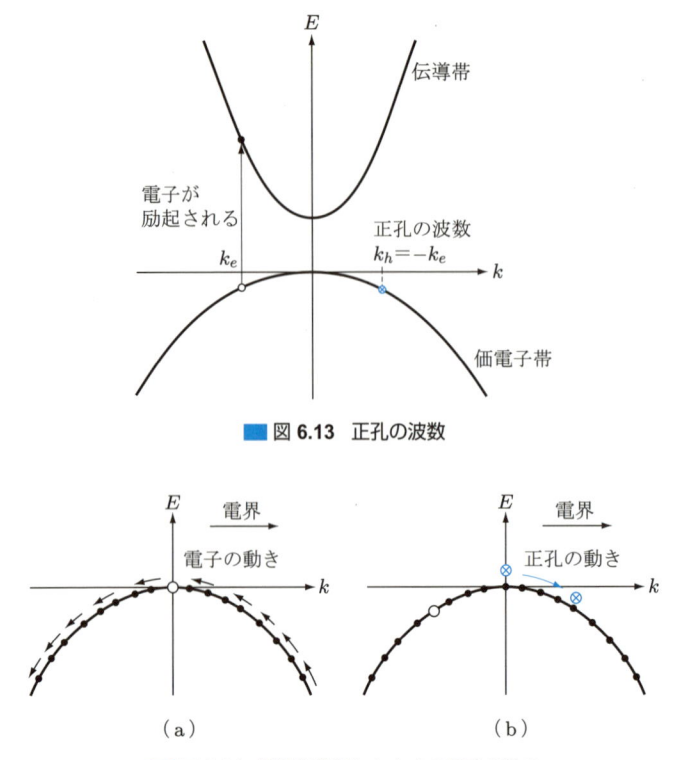

■ 図 6.14　電界を印加したときの正孔の動き

$k_h = -k_e$ となる．これにより，正孔が正の電荷を持ち，電界と同じ方向に加速されていくことが分かる．

また，価電子帯の上端では電子の有効質量は負となるが，正孔に対しては E-k 関係においてエネルギー軸の下へいくほど系のエネルギーは高くなるので，正孔の有効質量 m_h は，

$$m_h = -m_e \qquad (6.45)$$

となり，正の値となる．このように，正孔を $+q$ の電荷を持ち質量が正であると考えれば，価電子帯の電子の抜け穴の電気伝導をうまく説明することができる．

6.6　金属，半導体，絶縁体のバンド構造

一般に，抵抗率が $10^{-8} \sim 10^{-3}$ [Ωcm] の範囲にある物質を金属，$10^{-3} \sim 10^{8}$ [Ωcm] の範囲にある物質を半導体，10^{8} [Ωcm] 以上の物質を絶縁体とよぶ．しかし，この抵

抗率による区別は正確ではない．特に，半導体の場合には温度や半導体中に含まれる不純物や欠陥により抵抗率は大幅に変化する．本質的な区別をするには，今まで述べてきたエネルギーバンド構造から考える必要がある．

結晶を構成している原子から供給された自由電子は，エネルギーの低い許容帯から順番に収容されていく．あるエネルギーの許容帯までは電子で完全に満たされ，それよりエネルギーの高い許容帯では電子がまったく存在しないようなバンド構造を持つ結晶に，外から電界を印加しても電流は流れない．一方，一部が電子で満たされ，残りが空席になっている許容帯を持つ結晶の場合には，電界を印加することによってその許容帯内の電子は，すぐ上の空いたエネルギー準位に遷移することができるので電流が流れる．このように，伝導に寄与する許容帯を伝導帯とよぶ．また，電子によって完全に満たされている最上位のエネルギー帯を価電子帯とよぶ．

N 個の原子から構成された結晶においては，縮退していない1つの許容帯の状態数は N 個である．電子の場合には，スピンを考慮すると，1つの許容帯に電子は $2N$ 個入り得る．ここで，収容可能な電子数が N の2倍，すなわち偶数であることが重要な意味を持っている．つまり，価電子数が奇数の固体は，許容帯の半分しか電子が満たされず，金属となる．また，価電子数が偶数の固体は，許容帯が完全に電子で占有されるので，半導体または絶縁体になる．

たとえば，図 6.15(a) に示すように，1価の Cu, Ag, Au などや3価の Al, Ga, In などは，伝導帯のちょうど半分までしか電子がつまっていないので金属となる．ただし，2価の Zn, Cd, Hg などは，上記の議論によれば半導体または絶縁体になるはずであるが，実際には金属である．これは，価電子帯とその上のエネルギーバンドが完全に重なっており，全体としてみると許容帯の途中までしか電子がつまっていないからである．

次に，図 6.15(b), (c) に示すように，4価の C, Si, Ge などや6価の S, Se, Te などは価電子帯の頂上まで電子がつまっているので，半導体か絶縁体となる．半導体と絶縁体の相違は，禁制帯幅の大きさだけによって決まり，バンド構造は類似している．半導体では，禁制帯幅は狭く $1 \sim 3$ [eV] 程度であるが，絶縁体では 6 [eV] 以上である．このため，半導体では，熱エネルギーをもらって価電子帯の上端にある電子が伝導帯の下端に移動し，この伝導電子および正孔が電気伝導に寄与することができる．

また，図 6.15(d) に示すように，Bi, Sb などの物質においては，価電子帯とその上のエネルギーバンドが一部分重なっており，上のバンドに電子，下のバンドに正孔が同数存在し，これらが電気伝導に寄与する．このような物質は，金属と半導体の中間の抵抗率を示し，半金属とよばれている．

(a) 金属　　　　　　　　(b) 半導体

(c) 絶縁体　　　　　　　(d) 半金属

図 6.15 金属，半導体，絶縁体，半金属のバンド構造

演習問題 6

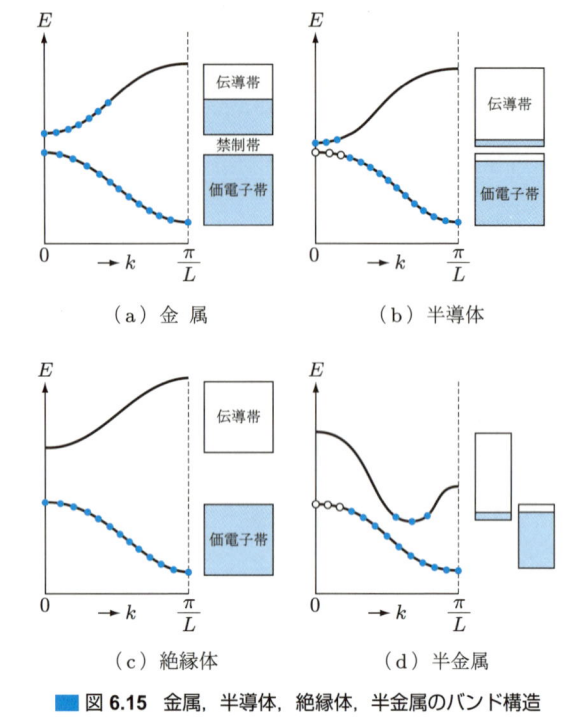

1. Au の自由電子密度は $n = 5.90 \times 10^{22}$ [cm^{-3}] である．このとき，金属の自由電子モデルを用いて，フェルミエネルギー，フェルミ波数，フェルミ速度およびフェルミ温度を求めよ．

2. 理想結晶内でのブロッホ振動の周期 T を求めよ．ただし，第 1 ブリルアンゾーンの幅を $-\pi/L \leqq k \leqq \pi/L$ とし，電界の強さを F とする．

3. 1 次元 k 空間において，伝導帯，価電子帯の E-k 関係が以下の式で表される物質があるとする．

$$\text{伝導帯:} \quad E_c = \frac{2\hbar^2}{m_0}\left(k^2 - k_1 k + \frac{5}{12}k_1{}^2\right)$$

$$\text{価電子帯:} \quad E_v = -\frac{2\hbar^2}{3m_0}k^2$$

ここで，m_0 は自由電子の質量，$k_1 = \pi/L$ (L：格子間隔) である．
   (1) E-k 関係を図に示せ．
   (2) 禁制帯幅を求めよ．
   (3) 伝導帯の底における電子の有効質量を求めよ．
   (4) 価電子帯の上端における正孔の有効質量を求めよ．

第7章

半導体

> 今日のエレクトロニクスの発展は半導体技術の進歩に負うところが大きい．半導体を用いた接合型トランジスタがショックレーらによって発明されて以来，トランジスタは真空管に代わるデバイスとして広く用いられてきた．現在では，LSIをはじめ，多くの半導体デバイスが開発されており，電子回路を小型にかつ安価に実現できる技術が確立している．
>
> 本章では，半導体の基礎的な性質を説明し，半導体電子デバイスの動作について簡単に説明する．

7.1 真性半導体

不純物をまったく含まない半導体を**真性半導体**という．ここでは，真性半導体の電子密度，正孔密度およびフェルミ準位を計算する．まず，真性半導体の状態密度とフェルミ・ディラック分布関数を図 7.1(a) および (b) に示す．なお，フェルミ準位は実際には後で求められるものであるが，ここでは，あらかじめ真性半導体のフェル

(a) 状態密度 $g_c(E)$ (b) 電子の存在確率 $f_e(E)$ (c) キャリア密度 n または p

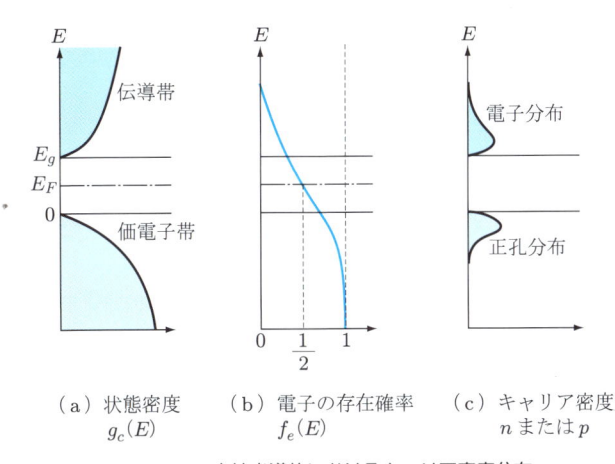

■ 図 7.1 真性半導体におけるキャリア密度分布

ミ準位が禁制帯のほぼ中央にあると仮定して描いてある．また，図 7.1(c) にはこれから求める<u>キャリア密度</u>を示す．ここで，キャリア密度とは，<u>電子密度</u> n または<u>正孔密度</u> p のことである．

まず，伝導帯の電子密度 n を計算する．各エネルギー E における電子密度は，状態密度 $g_c(E)$ とフェルミ・ディラック分布関数 $f_e(E)$ の積で与えられる．したがって，伝導帯に存在する全電子密度は 6 章で述べたように式 (6.14) で与えられる．すなわち，伝導帯の頂上のエネルギーを E_{c_t} とおくと，

$$n = \int_{E_g}^{E_{c_t}} g_c(E) f_e(E)\, dE \tag{7.1}$$

となる．

ここで，エネルギー軸の原点を価電子帯の上端にとり，伝導帯の電子の有効質量を m_e^* とすると，状態密度 $g_c(E)$ およびフェルミ・ディラック分布関数 $f_e(E)$ は次式で与えられる．

$$g_c(E) = \frac{1}{2\pi^2}\left(\frac{2m_e^*}{\hbar^2}\right)^{\frac{3}{2}} \sqrt{E - E_g} \tag{7.2}$$

$$f_e(E) = \frac{1}{\exp\left(\dfrac{E - E_F}{k_B T}\right) + 1} \tag{7.3}$$

ここで，伝導帯はフェルミ準位から十分離れているので，式 (7.3) の分母の 1 は無視できる．すなわち，

$$f_e(E) = \exp\left(-\frac{E - E_F}{k_B T}\right) \tag{7.4}$$

と近似できる．式 (7.4) で与えられる分布関数を<u>マクスウェル・ボルツマン分布</u>とよぶ．また，式 (7.1) において E_{c_t} は伝導帯頂上のエネルギーであるが，フェルミ・ディラック分布関数はエネルギーの上昇とともに急速に減衰するので，積分範囲の上限を無限大としてもさしつかえない．したがって，式 (7.1) は，

$$n = \int_{E_g}^{\infty} \frac{1}{2\pi^2}\left(\frac{2m_e^*}{\hbar^2}\right)^{\frac{3}{2}} \sqrt{E - E_g} \exp\left(-\frac{E - E_F}{k_B T}\right) dE \tag{7.5}$$

となる．ここで，$x = (E - E_g)/k_B T$ の変数変換を行い，

$$\int_0^{\infty} x^{p-1} e^{-x} dx = \Gamma(p) = (p-1)\Gamma(p-1), \quad \Gamma\left(\frac{1}{2}\right) = \sqrt{\pi} \tag{7.6}$$

の積分公式を用いると

$$n = N_C \exp\left(-\frac{E_g - E_F}{k_B T}\right) \tag{7.7}$$

となる．ここで，N_C は伝導帯の有効状態密度とよばれ，

$$N_C \equiv 2\left(\frac{2\pi m_e^* k_B T}{h^2}\right)^{\frac{3}{2}} M_C \tag{7.8}$$

で与えられる．ここで用いる有効質量 m_e^* は状態密度有効質量とよばれるものであり，一般には導電率を与える有効質量とは異なった値をとる．また，M_C は等価な伝導帯の極小点の数であり，Si では 6，Ge では 4，GaAs では 1 である．（たとえば Si では伝導帯の極小点は図 8.4(a) に示すように，原点から [１００] 方向にずれている．この方向と等価な方向は [０１０]，[００１] など 6 つある．これらの 6 つの方向にそれぞれ伝導帯の極小点が存在するため，有効状態密度を計算する場合にはこの等価な極小点の数をかける必要がある）

次に，価電子帯の正孔密度を求める．価電子帯の状態密度 $g_V(E)$ は，正孔の有効質量を m_h^* とすると，

$$g_V(E) = \frac{1}{2\pi^2}\left(\frac{2m_h^*}{\hbar^2}\right)^{\frac{3}{2}}\sqrt{-E} \tag{7.9}$$

となる．また，正孔の存在確率は，電子の存在しない確率と同じであるから，$1 - f_e(E)$ と表される．したがって，伝導帯の場合と同様の計算により，

$$p = \int_{-\infty}^{0} g_V(E)(1 - f(E))dE = N_V \exp\left(-\frac{E_F}{k_B T}\right) \tag{7.10}$$

$$N_V \equiv 2\left(\frac{2\pi m_h^* k_B T}{h^2}\right)^{\frac{3}{2}} \tag{7.11}$$

となる．N_V は価電子帯の有効状態密度である．

以上の結果をもとに，フェルミ準位を求める．真性半導体においては，伝導帯の電子は価電子帯の電子が熱励起されたものであるから，

$$n = p \tag{7.12}$$

が成立する．上式に式 (7.7)，(7.10) を代入すると，

$$N_C \exp\left(-\frac{E_g - E_F}{k_B T}\right) = N_V \exp\left(-\frac{E_F}{k_B T}\right) \tag{7.13}$$

となる．したがって，

$$E_F = \frac{E_g}{2} + \frac{3}{4}k_B T \ln\left(\frac{m_h^*}{m_e^*}\right) - \frac{1}{2}k_B T \ln M_c \tag{7.14}$$

が得られる．ここで，右辺第2項は，有効質量の比の対数であるから，第1項に比べると小さい．したがって，真性半導体のフェルミ準位はほぼ禁制帯の中央に位置している．さらに，式 (7.14) から，真性半導体のフェルミ準位はほとんど温度に依存しないことがわかる．

また，電子密度 n と正孔密度 p の積は式 (7.7), (7.10) から，

$$pn = n_i^2 = N_C N_V \exp\left(-\frac{E_g}{k_B T}\right) \tag{7.15}$$

となる．ここで，n_i を**真性キャリア密度**とよぶ．真性キャリア密度は禁制帯幅および温度に大きく依存する．ここで求めた式 (7.15) は **pn 積**とよばれ，熱平衡状態においては，以下で述べる不純物半導体においても成り立つ．

7.2 不純物半導体

半導体に母材の原子とは異なる原子 (不純物) を添加することをドーピングという．半導体では，ドーピングにより電子密度や正孔密度を広い範囲で制御できることが大きな特徴である．以下に，電子密度を増加した n 型半導体および正孔密度を増加した p 型半導体について述べ，さらにキャリア密度の温度依存性について述べる．

7.2.1 n 型半導体

いま，図 7.2 に示すように，Si に 5 価の原子である P (リン) をドーピングした場合を考える．P 原子の最外殻には 5 個の電子が存在する．もともと Si の価電子は 4 個であるので，P 原子が Si 原子と置換すると，外殻の電子が 1 個余分になってしまう．温度が十分低いときは，この 5 番目の電子は P 原子の周囲を回っている．しかし，この電子は熱的に不安定な状態にあるので，室温付近では P 原子を離れ，Si 結晶内を自由に運動することが可能となる．電子が P 原子を離れると，P 原子は $+q$ の電荷を持つことになる．このように，半導体にドーピングしたとき，自由電子を生ずる不純物を**ドナー**という．また，ドナーをドーピングした半導体ではドナーから負の電荷を持った電子が供給されるので，これを **n 型半導体**という．

ここで，P 原子の 5 番目の電子のエネルギー準位を考える．この電子は $+q$ にイオン化した P 原子の周りを回っているので，5.6 節で述べた水素原子モデルが適用でき

図 7.2

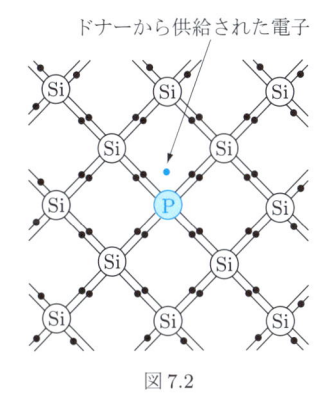

■ 図 7.2 Si に P をドーピングした場合

る. すなわち, クーロンポテンシャル,

$$V(r) = -\frac{q^2}{4\pi\varepsilon_{Si}r} \tag{7.16}$$

中での運動と見なせる. ここで, ε_{Si} は Si の誘電率で $11.9\,\varepsilon_0$ である. よって, 電子のエネルギー固有値は式 (5.40) と同様に,

$$E_n = -\frac{m_e^* q^4}{2\hbar^2(4\pi\varepsilon_{Si})^2 n^2} \quad (n = 1,\ 2,\ 3,\ \cdots) \tag{7.17}$$

となる. ここで, m_e^* は Si 中の電子の有効質量である.

式 (7.17) において $n=1$ のときのエネルギー固有値を**ドナー準位**とよび, E_D で表す. 実際には, Si ではエネルギーバンド構造が複雑なので, 式 (7.17) は正確には適用できないが, ここでは簡単化のため $m_e^* = 0.33 m_0$ とすると $E_D = 32$ [meV] となる (実際の測定によるとドナーが P の場合は $E_D = 45$ [meV] である). すなわち, 図 7.3 に示すように, この電子は伝導帯から E_D だけ下にエネルギー準位を作る.

エネルギー E_D の値は, 室温での熱エネルギー $k_B T = 26$ [meV] と同程度の値である. したがって, 室温付近では, ドナー準位に弱く束縛されていた電子が熱エネル

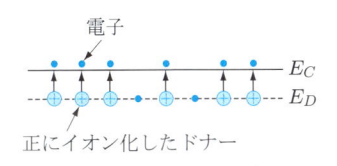

■ 図 7.3 n 型半導体のエネルギー準位

ギーによって伝導帯に励起され，自由電子となって Si 結晶中を自由に動き回ることができるようになる．

n 型半導体においても，熱平衡状態においては式 (7.15) が成立する．すなわち，ドーピング量に依存せず pn 積は一定となる．よって，ドナーをドーピングして電子密度が増加すると，逆に正孔密度は減少する．ここで，数の多いほうのキャリアを**多数キャリア**，少ないほうのキャリアを**少数キャリア**とよぶ．n 型半導体においては，多数キャリアは電子であり，少数キャリアは正孔である．

7.2.2 p 型半導体

次に，図 7.4 に示すように，Si に 3 価の原子である B (ボロン) をドーピングした場合を考える．B の最外殻電子は 3 個であるから，安定な共有結合を形成するには電子が 1 個不足している．この不足した電子を補充するように，共有結合していた隣の電子がここに移動してくる．そうすると，電子の抜け穴，すなわち正孔が生ずる．つまり，B 原子をドーピングした場合には，正孔が生じて自由に結晶内を伝導するようになる．B 原子のように正の電荷を持った正孔を供給する不純物を**アクセプタ**とよび，アクセプタをドーピングし，正孔が電気伝導に寄与するようになった半導体を **p 型半導体**とよぶ．

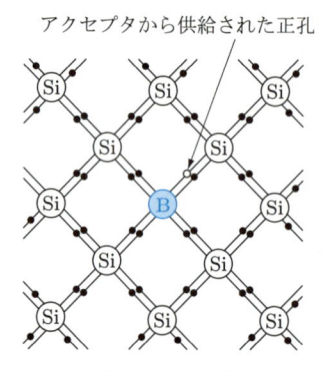

■ 図 7.4 Si に B をドーピングした場合

アクセプタが作るエネルギー準位は，図 7.5 に示すように，価電子帯のすぐ上にある．これを**アクセプタ準位**とよび，E_A と表す．B に対する E_A の値は 45 [meV] であり，やはり熱エネルギーと同程度であるので，室温付近では価電子帯の電子がアクセプタ準位に励起されており，アクセプタは負にイオン化している．

p 型半導体においては，多数キャリアは正孔であり，少数キャリアは電子である．

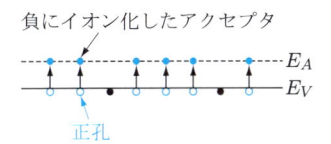

■ 図 7.5 p型半導体のエネルギー準位

7.2.3 キャリア密度の温度依存性

ここでは，不純物がドーピングされた半導体のキャリア密度(電子密度および正孔密度)およびフェルミ準位の温度依存性を解析的に求める．

まず，n型半導体について考える．伝導帯の電子は，ドナーから供給されるものと，価電子帯から熱励起されるものが存在する．電子がドナーから供給された場合には，ドナーは正にイオン化される．また，電子が価電子帯から伝導帯に励起された場合には，価電子帯にはこれと同数の正孔が残される．全体としては，電荷中性条件が満たされなければならないので，

$$n = N_D^+ + p \tag{7.18}$$

となる．ここで，N_D^+ はドナー密度 N_D のうち，イオン化されたものの密度である．

n および p はそれぞれ式 (7.7) および式 (7.10) で与えられる．ここで注意すべき点は，不純物準位のフェルミ・ディラック統計である．通常のエネルギー準位にはスピンを考慮すると2個の電子が収容できるが，ドナー準位やアクセプタ準位には1個の電子しか収容できない．このため，ドナー準位およびアクセプタ準位に対する分布則はそれぞれ次式で与えられる．

$$f_D(E_D) = \frac{1}{1 + \frac{1}{2}\exp\left(\frac{E_D - E_F}{k_B T}\right)} \tag{7.19}$$

$$f_A(E_A) = \frac{1}{1 + 4\exp\left(\frac{E_A - E_F}{k_B T}\right)} \tag{7.20}$$

ここで，式 (7.19) の分母の1/2と式 (7.20) の分母の4をそれぞれドナー準位およびアクセプタ準位の縮退因子とよぶ．

以上の分布関数を用いると，式 (7.18) は，

$$N_C f_e(E_C) = N_D(1 - f_D(E_D)) + N_V(1 - f_e(E_V)) \tag{7.21}$$

となる．この式からフェルミ準位が求められ，さらに電子密度および正孔密度が求められる．しかし，式 (7.21) は正確に解析的に解くことはできないので，図 7.6 に示すように 3 つの温度領域に分けて近似計算を行う．

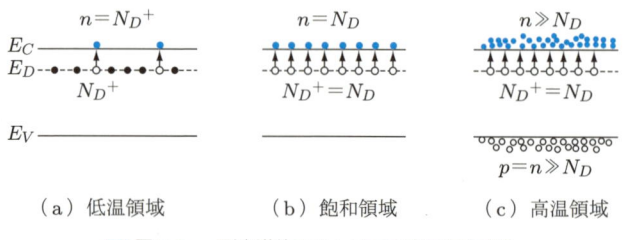

(a) 低温領域　　　(b) 飽和領域　　　(c) 高温領域

■ 図 7.6　n 型半導体のキャリア密度の温度変化

(1) 低温領域

温度が低いときは，価電子帯から熱励起される電子は非常に少ないので，式 (7.21) の右辺第 2 項は無視できる．この場合は，図 7.6(a) に示すように，ドナー準位からの励起のみを考えればよい．温度が $(E_C - E_D)/k_B T \gg 1$ を満たすほど十分低い場合には，式 (7.21) の解は近似的に，

$$n = \sqrt{\frac{N_C N_D}{2}} \exp\left(-\frac{E_C - E_D}{2k_B T}\right) \tag{7.22}$$

$$E_F = \frac{E_C + E_D}{2} + \frac{k_B T}{2} \ln\left(\frac{N_D}{2N_C}\right) \tag{7.23}$$

となる．式 (7.22), (7.23) から分かるように，低温ではドナー準位は真性半導体における価電子帯のように振る舞う．したがって，フェルミ準位は伝導帯の底とドナー準位のほぼ中間にある．

(2) 飽和領域

もうすこし温度が高くなると，図 7.6(b) に示すように，ほとんどすべてのドナーはイオン化するので，電子密度は，

$$n \sim N_D \tag{7.24}$$

と近似できるようになる．この領域を，飽和領域とよぶ．飽和領域では，まだ価電子帯の電子の熱励起は始まっていない．よって，式 (7.21) よりフェルミ準位は，

$$E_F = E_C - k_B T \ln\left(\frac{N_C}{N_D}\right) \tag{7.25}$$

と求められる．

（3） 高 温 領 域

さらに高温になると，図 7.6(c) に示すように，価電子帯からも電子が熱励起されるようになる．この電子数がドナー密度より十分大きくなると，式 (7.21) の右辺第 1 項は無視できるようになる．これは，真性半導体の場合と同じであるから，キャリア密度は式 (7.15) より，

$$n = p = n_i = \sqrt{N_C N_V} \exp\left(-\frac{E_g}{2k_B T}\right) \tag{7.26}$$

となる．

以上をまとめると，電子密度の温度依存性は図 7.7 のようになる．電子密度を対数で，温度を $1/T$ で表すと，電子密度は，低温領域では $-(E_C - E_D)/2k_B$ の傾きで増加するが，室温付近では飽和する．飽和する値は $n = N_D$ である．さらに高温になると，真性半導体と同様に，$-E_g/2k_B$ の傾きで急増する．

また，フェルミ準位の温度依存性は図 7.8 のようになる．フェルミ準位は，絶対零度では，伝導帯の底とドナー準位の中央にあるが，温度の増加とともにバンドギャップの中央付近に移動していく．フェルミ準位は，室温付近では，ドナー準位より若干

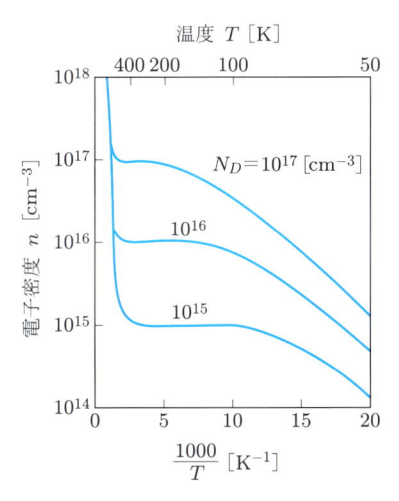

■ 図 7.7　n 型 Si における電子密度の温度依存性．パラメータはドナー密度 N_D

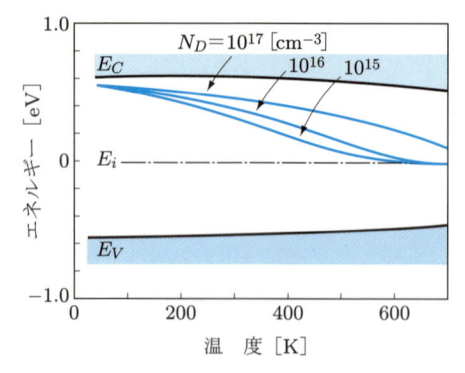

■ 図 7.8　n 型 Si におけるフェルミ準位の温度依存性．パラメータはドナー密度 N_D

下に位置するが，ドナー密度が増加するにつれて，伝導帯側に移動していく．不純物密度が図に示されたものよりも高くなると，フェルミ準位はますますバンド端に近づき，ついにはバンドの中にまで入ってしまう．このような場合には，フェルミ・ディラック分布をマクスウェル・ボルツマン分布で近似することができないので，計算が複雑になる．このように，フェルミ準位がバンドの中に入った半導体を縮退半導体とよぶ．

ここでは n 型半導体について考えたが，p 型半導体の場合も同様である．

7.3　ホール効果

半導体の伝導型，キャリア濃度，導電率および移動度はホール効果測定によって求めることができる．いま，図 7.9(a) に示すように，p 型半導体の薄板の y 方向に電流を流し，z 方向に磁束密度 B の磁界を加えた場合を考える．p 型半導体では，キャリアは正の電荷を持った正孔である．よって，正孔の速度を v とすると，x 軸の正の方向にローレンツ力 qvB を受ける．この結果，x 軸の正の方向が正になるような電圧 V_H が発生する．この電圧をホール電圧とよぶ．

ホール電圧が発生すると，x 軸方向に電界 F_H が発生する．この電界は，正孔を x 軸の負の方向に移動させる向きである．よって，ローレンツ力と電界 F_H により押し戻される力がつりあった状態で定常状態となる．数式で表すと，

$$qvB = qF_H \tag{7.27}$$

となる．

ここで，$V_H = F_H b$ であるから，

(a) p型半導体の場合　　　　(b) n型半導体の場合

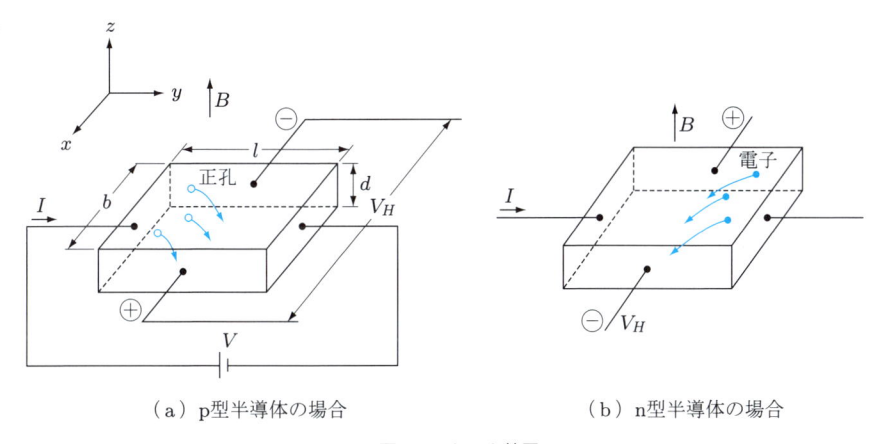

図 7.9 ホール効果

$$V_H = vBb \tag{7.28}$$

となる．一方，y軸方向の電流Iは正孔密度をpとすると，

$$I = qpvbd \tag{7.29}$$

と表されるので，式 (7.28) と式 (7.29) から速度vを消去すると，

$$V_H = \frac{IB}{qpd} = R_H \frac{IB}{d} \tag{7.30}$$

が得られる．ここで

$$R_H = \frac{1}{qp} \tag{7.31}$$

を**ホール係数**という．

同様に，電子密度nのn型半導体に対して計算すると，ホール係数は，

$$R_H = -\frac{1}{qn} \tag{7.32}$$

となる．すなわち，式 (7.31)，(7.32) から，ホール係数が正の場合はp型であり，負の場合はn型であることがわかる．

さらに，導電率σは，

$$\sigma = \frac{Il}{Vbd} \tag{7.33}$$

で与えられる．また，式 (4.13) より，p型半導体の正孔移動度μ_pは，

$$\mu_p = \frac{\sigma}{qp} \tag{7.34}$$

となり，n型半導体の電子移動度 μ_n は，

$$\mu_n = \frac{\sigma}{qn} \tag{7.35}$$

となる．以上の式を用いることによって，ホール電圧と導電率の測定から，キャリア密度および移動度を求めることができる．

7.4 ダイオードとトランジスタ

以上述べてきたように，半導体はドーピングによって伝導型，キャリア密度を容易に制御できるので，これらと金属や絶縁体を組み合わせてさまざまな素子 (デバイス) が開発されている．ここでは，その代表的なものとして，pn 接合ダイオードとバイポーラトランジスタおよび電界効果トランジスタの原理的な動作について説明する．

7.4.1 pn 接合ダイオード

pn 接合ダイオードは，図 7.10 に示すように，p 型半導体と n 型半導体を接合したものである．まず，図 7.10(a) に示す熱平衡状態について考える．n 型半導体中には電子が多数存在するため，pn 接合を形成すると，これらの電子は p 型半導体の方へ拡散していく．逆に，p 型半導体中には多数の正孔が存在するので，これらの正孔は n 型半導体の方へ拡散していく．そうすると，接合付近の n 型半導体中には正にイオン化したドナーが残され，p 型半導体中には負にイオン化したアクセプタが残される．すなわち，この領域では電荷中性条件が満足されていない．この領域を，キャリアが存在しないという意味で，空乏層という．空乏層が形成されると，空乏層中の電界によって，先ほど述べたキャリアの拡散が抑えられ，最終的には平衡状態に達する．この状態では，フェルミ準位 E_F は全領域にわたって一定となる．このため，電子から見ると，n 型半導体から p 型半導体に移動するには，ポテンシャルの山を越えなければならない．このポテンシャルの高さ V_D を拡散電位とよぶ．

次に，図 7.10(b) に示すように，p 型半導体に正，n 型半導体に負の電圧を印加した場合を考える．このバイアスの方向を順バイアスとよぶ．加えた電圧はほとんどすべてが空乏層の両端にかかるため，フェルミ準位は空乏層の両端で qV だけずれる．こうすると，ポテンシャル障壁の高さが低くなるので，電子は p 型半導体側へ，また

図中ラベル:
- (a) 熱平衡状態 ($V=0$): qV_D, 電子の拡散, イオン化したアクセプタ, E_C, E_F, E_V, イオン化したドナー, 正孔の拡散, n型, 空乏層, p型
- (b) 順バイアス ($V>0$): qV
- (c) 逆バイアス ($V<0$): qV

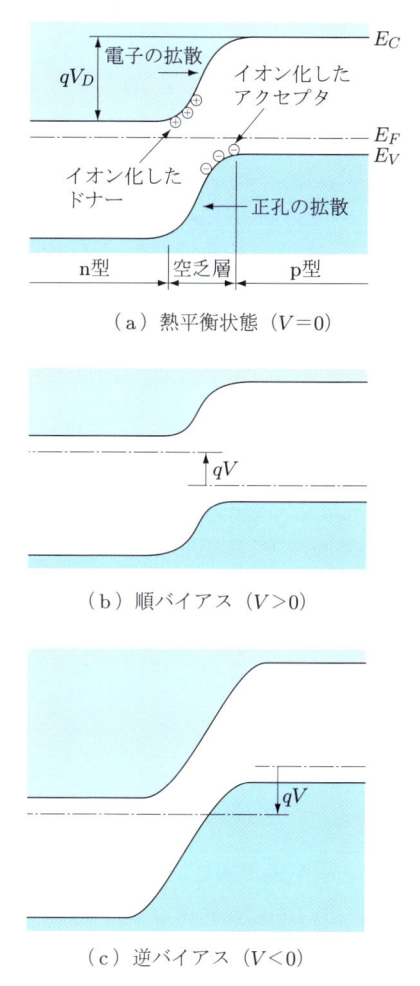

図7.10 pn接合に電圧 V を印加したときのエネルギー準位図

正孔はn型半導体側へ移動しやすくなる．このため，拡散電流が増加する．

　逆に，図7.10(c)に示すように，p型半導体に負，n型半導体に正の電圧を印加すると，逆バイアスとなり，ポテンシャル障壁の高さが高くなる．この場合には，電流はほとんど流れない．

　このpn接合ダイオードの電流-電圧特性を定量的に求めてみよう．順バイアスを印加した場合，過剰な電子がp層に注入される．そして，注入された電子はp層中で再結合しながらp層の電極側へ拡散していく．したがって，p層中の過剰少数キャリア(電子)密度 Δn_p の場所による変化は次式で与えられる．

$$D_e \frac{d^2 \Delta n_p}{dx^2} - \frac{\Delta n_p}{\tau_e} = 0 \tag{7.36}$$

ここで，

  D_e：電子の拡散定数

  τ_e：電子の寿命またはライフタイム

である．式 (7.36) の第1項は電子の拡散を表し，第2項は再結合による電子の消滅を表している．

ここで，p 層の空乏層端を $x = 0$ とすると，境界条件は以下のとおりである．

(1) $x = 0$ では過剰少数キャリア密度はマクスウェル-ボルツマン分布に従う．すなわち，

$$\Delta n_{p(x=0)} = n_{p(x=0)} - n_{p0} = n_{p0} \left[\exp\left(\frac{qV}{k_B T}\right) - 1 \right] \tag{7.37}$$

ここで，n_{p0} は熱平衡状態における p 層中の電子密度であり，V は印加電圧である．

(2) p 層が十分に厚いとすると，注入されたすべての電子は p 層内で再結合するので，$x = \infty$ において $\Delta n_p = 0$ である．

以上の境界条件を満足する式 (7.36) の解は，

$$\Delta n_p = \Delta n_{p(x=0)} \exp\left(-\frac{x}{L_e}\right) \tag{7.38}$$

ここで，

$$L_e = \sqrt{D_e \tau_e} \tag{7.39}$$

は電子の拡散長とよばれるパラメータである．

この結果を用いて，p 層内の電子の拡散電流を求めると，

$$I_e = qD_e \frac{d\Delta n_p}{dx} = -\frac{qD_e}{L_e} \Delta n_{p(x=0)} \exp\left(-\frac{x}{L_e}\right) \tag{7.40}$$

となる．接合から遠ざかるにつれて拡散電流は減少するが，これは電子が正孔と再結合するためである．この再結合によって正孔が減少するが，この分は p 層に付けた電極から供給される．したがって，p 層内を流れる電子電流と正孔電流の和は p 層内では一定となる．この値を I_n とおくと，

$$I_n = I_{e(x=0)} = -\frac{qD_e n_{p0}}{L_e} \left[\exp\left(\frac{qV}{k_B T}\right) - 1 \right] \tag{7.41}$$

となる．

一方，p 層から n 層へ注入される正孔による電流成分は同様にして，

$$I_p = -\frac{qD_h p_{n0}}{L_h} \left[\exp\left(\frac{qV}{k_B T}\right) - 1 \right] \tag{7.42}$$

と求められる.

pn 接合に流れる全電流は式 (7.41) と式 (7.42) の和となるから，電流-電圧特性は，

$$I = I_n + I_p = -I_0 \left[\exp\left(\frac{qV}{k_B T} \right) - 1 \right] \tag{7.43}$$

となる．ここで，

$$I_0 = q \left(\frac{D_e n_{p0}}{L_e} + \frac{D_h p_{n0}}{L_h} \right) \tag{7.44}$$

である．また，式 (7.43) の右辺のマイナスは電流の向きが x 軸の負の方向になるためにでてきたものである．そこで，マイナスをとって一般的な書き方に直すと，

$$I = I_0 \left[\exp\left(\frac{qV}{k_B T} \right) - 1 \right] \tag{7.45}$$

となる.

pn 接合に逆バイアスを印加した場合も，順バイアスの場合とまったく同じ式が成り立つ．したがって，この場合も電流-電圧特性は式 (7.45) で表される．電圧 V が負の方向に少し大きくなると，電流は $-I_0$ で一定となる．このため，I_0 を逆方向飽和電流とよぶ．

以上をまとめると，pn 接合ダイオードの電流-電圧特性は図 7.11 に示すようになる．逆バイアスをかけた場合には非常に小さい電流しか流れないが，順バイアスをかけた場合には指数関数的に電流は増加する．このような整流作用があるため，pn 接合ダイオードは広く整流器として用いられている．

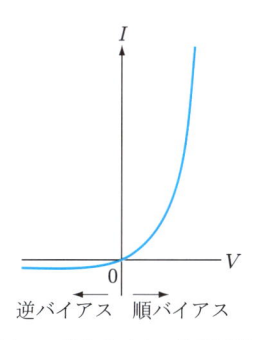

■ 図 7.11　pn 接合ダイオードの電流–電圧特性

7.4.2 バイポーラトランジスタ

pn 接合では，2 端子間に印加する電圧により電流を制御しており，印加電圧が唯一の制御パラメータである．一般に，このような 2 端子素子では，増幅作用を持たせることはたいへん難しい．これに対して，3 端子素子では容易に増幅作用を持たせることができる．増幅作用やスイッチング作用を持たせた 3 端子素子が**トランジスタ**である．トランジスタには大きく分けてバイポーラトランジスタと電界効果トランジスタがある．以下，それぞれについて説明する．

バイポーラトランジスタは，図 7.12 に示すように，pn 接合を 2 つ組み合わせた構造からなる．図 7.12 は npn 型トランジスタを表しており，それぞれの領域を，**エミッタ**，**ベース**，**コレクタ**とよぶ．熱平衡状態では，図 7.12(a) に示すように，ベース領域のポテンシャルが高くなっている．

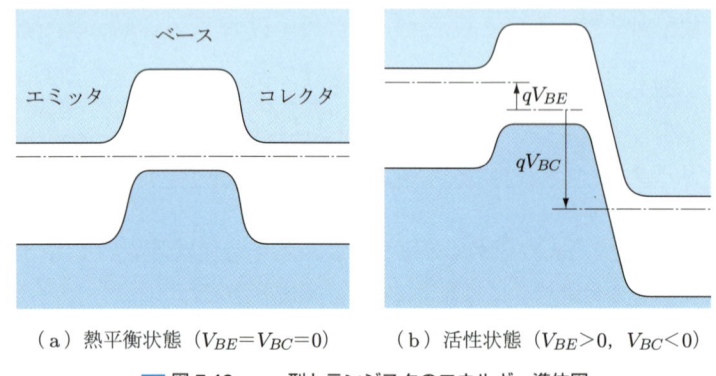

（a）熱平衡状態（$V_{BE} = V_{BC} = 0$）　　（b）活性状態（$V_{BE} > 0$，$V_{BC} < 0$）

図 7.12 npn 型トランジスタのエネルギー準位図

バイポーラトランジスタを実際に使用する場合には，図 7.12(b) に示すように，エミッタ・ベース間は順方向に，ベース・コレクタ間は逆方向にバイアスする．この状態では，エミッタからベースに注入された電子は，ベース中を拡散し，コレクタに到達し，コレクタ電流に寄与する．ここで，エミッタ・ベース間に微小信号を加えると，その信号は増幅されてコレクタ電流の変化となって現れる．このベース電流の変化に対するコレクタ電流の変化を**電流増幅率**とよぶが，実際のトランジスタでは電流増幅率は数百から数万にも達する．この原理により，バイポーラトランジスタは，増幅回路，スイッチング回路などに用いられている．

7.4.3 電界効果トランジスタ

半導体表面に縦方向の電界を印加し，半導体表面に沿ったキャリアの流れを制御する方式のトランジスタを**電界効果トランジスタ**または **FET** (Field Effect Transistor)

という．電界効果トランジスタにはいろいろな種類があるが，ここでは最も広く実用化されている **MOS トランジスタ**を取り上げる．

MOS トランジスタは，図 7.13 に示すように，金属/SiO$_2$/半導体の積層構造からなる．この Metal/Oxide/Semiconducdor の積層構造を **MOS 構造**とよぶ．

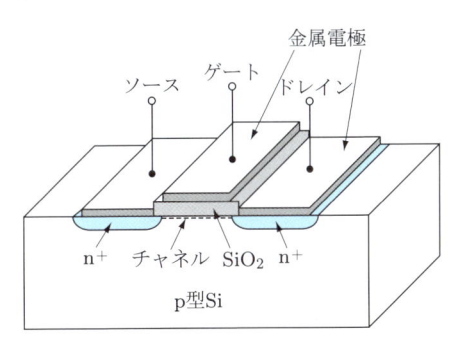

■ 図 7.13 n チャネル MOS トランジスタの構造

図 7.13 に示したのは，n チャネル MOS トランジスタである．ここで，**チャネル**とは電子や正孔が伝導する通路を意味している．n チャネル MOS トランジスタでは，p 型 Si 基板に n$^+$ 領域が 2 ヵ所設けられており，電子が流れ出す方を**ソース**，電子が流入する方を**ドレイン** という．中央には電流を制御する**ゲート**が設けられている．

いま，ゲートに正の電圧を印加すると，ゲート電極直下に伝導電子が誘起される．このことによって，チャネルの抵抗が減少するので，ソース・ドレイン間を流れる電子電流が増加する．すなわち，ゲートに印加する電圧を変化させることにより，ソース・ドレイン間を流れる電流を制御することができる．電界効果トランジスタとは，この原理を用いることによって，増幅およびスイッチングを行うデバイスである．

MOS トランジスタは，バイポーラトランジスタに比べ微細化が容易である上に消費電力も小さいので，現在は集積回路の担い手となっている．

演習問題 7

1. 室温 (300 [K]) の熱エネルギーは何 [eV] に相当するか．
2. 室温における Si のバンドギャップは $E_g = 1.124$ [eV] であり Si 中の電子および正孔の有効質量はそれぞれ $m_e^* = 0.33\, m_0$ および $m_h^* = 1.15\, m_0$ である．また，Si における等価な伝導帯の極小点の数 M_C は 6 である．以下の問いに答えよ．
   (1) 室温における Si の伝導帯の有効状態密度 N_C および価電子帯の有効状態密度 N_V を求めよ．
   (2) 室温における Si の真性キャリア密度 n_i を求めよ．

3. P (リン) を 1×10^{17} [cm^{-3}] ドープした n 型 Si について以下の問いに答えよ.
   (1) すべての P がイオン化しているとき, 室温における少数キャリア密度を求めよ. ただし, パラメータには問題 2 で得られた結果を用いよ.
   (2) 室温におけるフェルミ準位は, 伝導帯の底からどれだけ離れているか.
4. ある真性半導体の価電子帯および伝導帯の有効状態密度 N_V, N_C の比が,
$$\frac{N_V}{N_C} = 10$$
で与えられるとき, 以下の問いに答えよ. ただし, 等価な伝導帯の極小点の数 M_C は 1 とする.
   (1) 正孔と電子の有効質量の比, m_h^*/m_e^* を求めよ.
   (2) 室温ではフェルミ準位は禁制帯中央から上か下にどれほどずれているか.
5. 図 7.14 に示すような Si の薄板がある. この試料を用いて, 室温でホール効果の測定を行った. 以下の問いに答えよ.
   (1) この Si の伝導型は n 型か p 型か.
   (2) キャリア密度, 導電率, 移動度を求めよ.

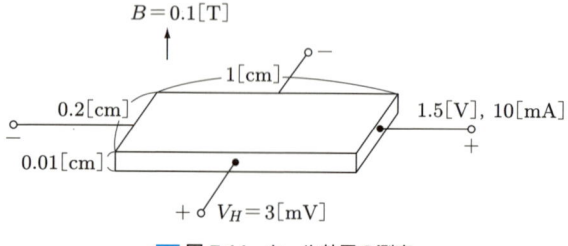

■ 図 7.14 ホール効果の測定

第8章

固体の光学的性質

> 固体の光学的性質は，広範囲にわたる．対象としては，金属，半導体，誘電体，磁性体であり，光の吸収機構としては，種々のエネルギー準位間の遷移に関係するものである．これらはあまりにも多岐にわたるので，ここでは特に応用上重要な半導体の光物性について概説する．

8.1 光の吸収と反射

8.1.1 吸収係数，反射係数

半導体に光が照射されると，図 8.1 に示すように，光の一部は反射されるが，残りは半導体中に侵入していく．入射光の強度を I_0，反射係数を R とおくと，反射光の強度は RI_0 となり，残りの $(1-R)I_0$ が半導体中に入る．もし，入射光のフォトンのエネルギー $h\nu$ が禁制帯幅より大きければ，フォトンは吸収され，光の強度は次第に弱くなっていく．フォトンが価電子帯の電子を励起すれば，1 個のフォトンに対して 1 個の電子-正孔対が生成される．図 8.1 に示すように，表面から x の点での光の強度を $I(x)$ とすると，位置 x での光強度の変化は，その点での光強度に比例するはずであるから，

$$dI(x) = -\alpha I(x) dx \tag{8.1}$$

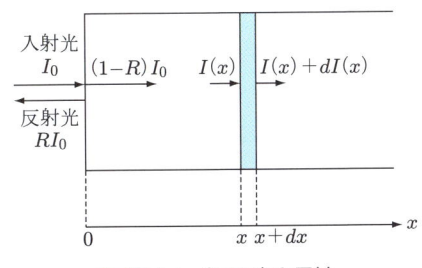

■ 図 8.1 光の吸収と反射

と表される．ここで，比例係数 α を吸収係数という．吸収係数は，光が単位長さ進む間に吸収される割合を示し，単位は $[\text{cm}^{-1}]$ で表す．$x=0$ で $(1-R)I_0$ の条件のもとで式 (8.1) を積分すると，

$$I(x) = (1-R)I_0 \exp(-\alpha x) \tag{8.2}$$

となり，光強度は指数関数的に減少することがわかる．

また，通常半導体の屈折率 n^* は複素数であり，

$$n^* = n_0 - ik \tag{8.3}$$

と表される．ここで，n_0 は屈折率の実部，k は消衰係数である．k は，半導体内で光が吸収されて減衰する量を表すので，吸収係数 α と，

$$\alpha = \frac{2\omega k}{c} \tag{8.4}$$

の関係がある．ここで，ω は先の角振動数，c は光速である．

また，真空と半導体の界面における反射係数 R は，

$$R = \frac{(n_0-1)^2 + k^2}{(n_0+1)^2 + k^2} \tag{8.5}$$

と表される．

以下，光吸収を中心にして，半導体の光学的特性を論ずる．

8.1.2 吸収機構の概観

半導体が光を吸収する機構にはさまざまなものがあるが，そのうちいくつかを示すと，

(a) 格子振動に伴う吸収
(b) キャリア (電子，正孔) による吸収
(c) 不純物による吸収
(d) 励起子による吸収
(e) 基礎吸収

などである．これらは，バンド構造，不純物密度，キャリア密度，温度などによって大きく変化するが，代表的な吸収係数のエネルギー依存性を複式的に示すと，図 8.2 のようになる．各吸収機構についてくわしい研究が行われているが，ここでは省略する．

これらのうち最も重要なものは，バンドギャップ E_g より大きいエネルギーの光が吸収される基礎吸収である．この基礎吸収が始まるエネルギーは E_g と等しく，これを特に基礎吸収端とよぶ．次に，この基礎吸収についてくわしく見ていく．

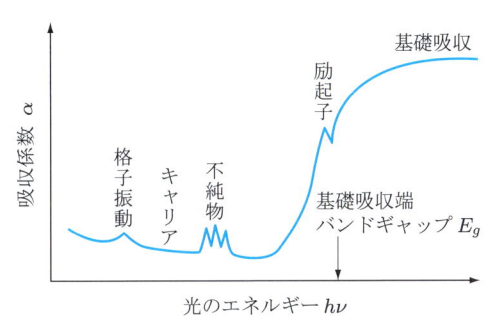

図 8.2 吸収係数のエネルギー依存性

8.1.3 基礎吸収

まず，光のエネルギーと波長および波数との関係を復習する．光は電磁波であるとともに，$h\nu$ のエネルギーを持った粒子ともみなせる．したがって，エネルギー E を持つ光の波長 λ は，

$$\lambda = \frac{c}{\nu} = \frac{hc}{E} \sim \frac{1239.8}{E\,[\text{eV}]} \quad [\text{nm}] \tag{8.6}$$

と表せる．

また，光の波数は $k = 2\pi/\lambda$ で与えられるので，バンドギャップ程度のエネルギー，すなわち 1 [eV] 程度では $k \sim 10^4$ [cm^{-1}] である．これに対して，格子定数 a は 3 [Å] 程度であるから，ブリルアンゾーンの大きさは $\pi/a \sim 10^8$ [cm^{-1}] 程度である．すなわち，光の吸収によって電子が遷移する場合には，波数は変わらないと考えてよい．

基礎吸収では，価電子帯の電子が伝導帯へ励起される．したがって，吸収係数のエネルギー依存性は，バンド構造によって大きく異なる．半導体のバンド構造は大別すると，直接遷移型と間接遷移型に分けられるので，以下それぞれについて概説する．

(1) 直接遷移型

直接遷移型半導体の代表である GaAs のバンド構造を図 8.3(a) に，またこれを簡略化したものを図 8.3(b) に示す．横軸は，波数 k の [111] 方向と [100] 方向を左右に振り分けて示してある．すなわち，k の方向によってエネルギーの波数依存性が異なってくる．

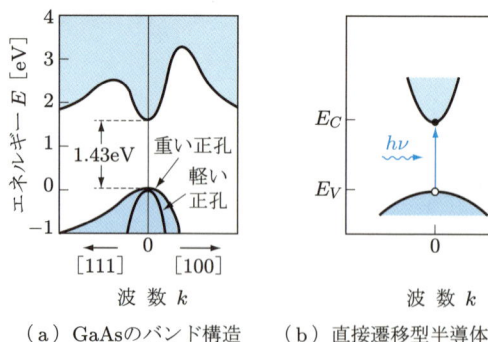

(a) GaAsのバンド構造　(b) 直接遷移型半導体における
フォトンの吸収過程

■ 図 8.3

　価電子帯の上端を E_V，伝導帯の下端を E_C とすると，光のエネルギー $h\nu$ との間には，エネルギー保存則，

$$E_C - E_V = h\nu \tag{8.7}$$

が成立する．また，伝導帯の電子の波数を k_C，価電子帯の電子の波数を k_V とすると，すでに述べたようにフォトンの運動量は無視できる程度に小さいので，運動量保存則として，

$$\hbar k_C - \hbar k_V = 0 \tag{8.8}$$

が成り立つ．すなわち，光の吸収によって電子が価電子帯から伝導帯へ遷移する場合には波数は変化しないので，光吸収による電子の遷移は図 8.3(b) の垂直な矢印で表される．したがって，直接遷移型半導体においては，バンドギャップに相当するエネルギー E_g から急激に吸収係数が増大する．

(2) 間接遷移型

　間接遷移型半導体の代表である Si のバンド構造を図 8.4(a) に，またこれを簡略化したものを図 8.4(b) に示す．Si の場合には，価電子帯の上端は $k = (0, 0, 0)$ の点にあるが，伝導帯の下端は $k = (1, 0, 0)$ の方向にずれている．このため，フォトンのみの吸収では，運動量保存則を満たすことはできない．したがって，この場合には波数が大きいフォノンの助けが必要となる．すなわち，図 8.4(b) に示すように，フォノンを吸収または放出することによって電子遷移が可能となる．フォノンのエネルギーを E_p，波数を k_p とすると，エネルギー保存則および運動量保存則はそれぞれ，

$$E_C - E_V \pm E_p = h\nu \tag{8.9}$$

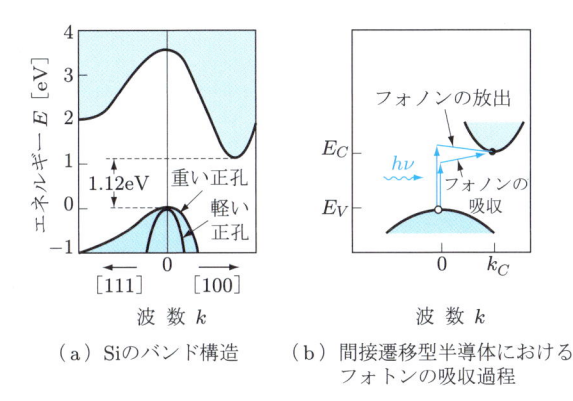

8.1 光の吸収と反射　85

(a) Siのバンド構造　(b) 間接遷移型半導体における
フォトンの吸収過程

■ 図 8.4

$$\hbar k_C - \hbar k_V = \hbar k_p \tag{8.10}$$

となる．式 (8.9) において + はフォノンの放出，- はフォノンの吸収に対応する．すなわち，フォノンを放出する場合には，電子は $E_g + E_p$ のエネルギーで励起された後，E_p のエネルギーと $\hbar k_p$ の運動量をフォノンとして放出し，伝導帯の下端へ遷移する．また，フォノンを吸収する場合には，電子は $E_g - E_p$ のエネルギーで励起された後，エネルギー E_p，運動量 $\hbar k_p$ のフォノンを吸収して，伝導帯の下端へ遷移する．このように，間接遷移型半導体の光吸収においてはフォノンが関与してくるため，遷移確率は直接遷移型に比べて小さくなり，吸収係数も小さくなる．

図 8.5 に GaAs と Si の吸収係数のエネルギー依存性を模式的に示す．直接遷移型の GaAs では吸収係数の立ち上がりが鋭いのに対し，間接遷移型の Si では立ち上がりが鈍くなっている．また，図には示していないが，Si の場合でもさらにフォトンのエネルギーが大きくなると，伝導帯のさらに上の準位への直接遷移が起き始めるため，吸収

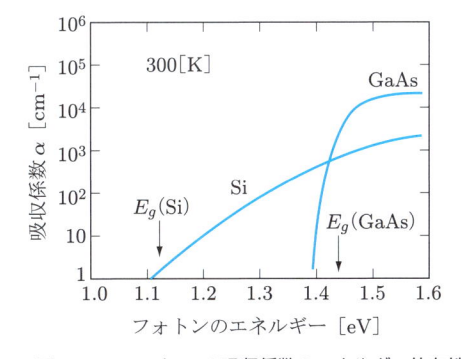

■ 図 8.5　GaAs と Si の吸収係数のエネルギー依存性

係数の増加が見られる．

8.2　光導電効果

半導体にバンドギャップより大きなエネルギーを持った光を照射すると，フォトンが吸収されて電子-正孔対が生成される．この状態で図 8.6(a) に示すように半導体に電圧を印加すると，図 8.6(b) に示すようにエネルギーバンドが傾くため，電子は右方向に，正孔は左方向にドリフトするため，生成された電子-正孔対を外部に取り出すことができる．このため半導体の導電率は増加する．この効果を光導電効果という．

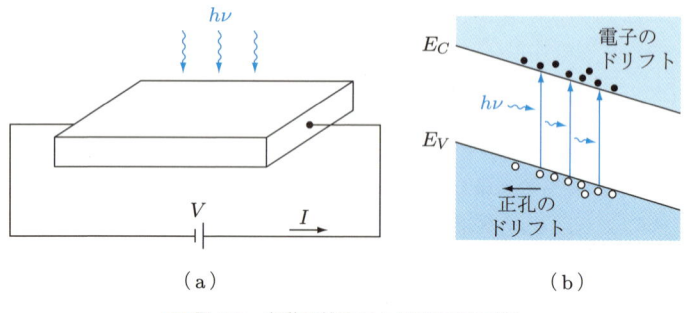

図 8.6　光導電効果による光電流の発生

光照射による電子密度，正孔密度の増加分をそれぞれ Δn, Δp とすると，光を照射していないときの導電率 (暗導電率)σ_d および光照射下の導電率 (光導電率) σ_{ph} はそれぞれ次式で与えられる．

$$\sigma_d = q(n\mu_e + p\mu_h) \tag{8.11}$$

$$\sigma_{ph} = q[(n+\Delta n)\mu_e + (p+\Delta p)\mu_h] \tag{8.12}$$

ここで，μ_e, μ_h はそれぞれ電子および正孔の移動度である．

キャリア密度が低い半導体では，光導電率 σ_{ph} と暗導電率 σ_d の比は 10^7 にもおよぶ．特に，光強度の検出に用いられるものをフォトセルとよぶ．可視光領域用フォトセルには CdS, CdSe などが，赤外領域では PbS, PbSe などが用いられている．

8.3　太陽電池

pn 接合に光を照射すると起電力が発生する．これを光起電力効果という．光起電力効果は，太陽電池やフォトダイオードに応用されている．

8.3 太陽電池

　熱平衡状態ではpn接合のバンド図は図8.7(a)のようになっている．ここに光を照射すると図8.7(b)に示すように，p層，空乏層およびn層でフォトンが吸収され，電子-正孔対が生成される．p層で生成された少数キャリア(電子)は，pn接合界面に向けて拡散していく．空乏層端まで拡散してくると，電子は空乏層の強い電界に引かれてn層へと達する．n層では電子が多数キャリアであるから，p層から流れてきた過剰な電子は，すぐにn層の電極から外部回路に流れ出す．同様にして，n層で生成された正孔のうち空乏層端まで達したものは，空乏層の電界によってp層に達し，外部回路に流れ出る．生成されたキャリアによる拡散電流とドリフト電流がつり合ったところで定常状態に達する．この状態では，pn接合は順方向にバイアスされている．このようにして，入射された光を電流に変換することができる．

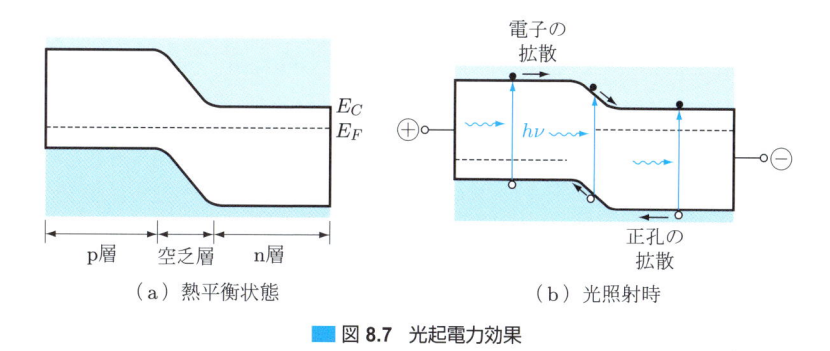

■ 図8.7 光起電力効果

　太陽電池では図8.8(a)に示すように，pn接合に負荷抵抗か蓄電池を接続して電力を取り出している．同じ照射量でも負荷抵抗により出力電力は異なる．最大の出力を取り出すための抵抗を最適負荷抵抗という．

　太陽電池の電流-電圧特性は図8.8(b)のようになる．通常の順方向にバイアスされたpn接合に流れるのとは逆の方向に電流が流れる．原点から最も離れた点が動作点

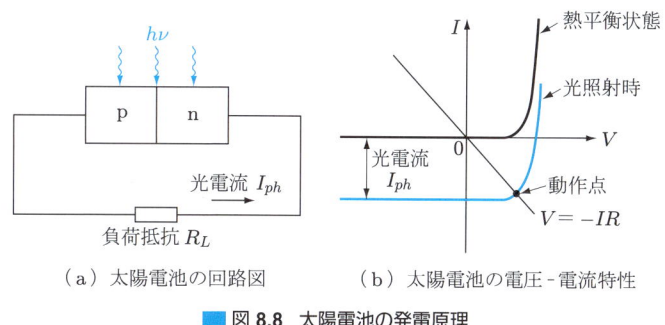

■ 図8.8 太陽電池の発電原理

となるように最適負荷抵抗を決める．

　太陽光は紫外線から赤外線までを含む幅広い放射スペクトルを持っているため，すべてのフォトンが太陽電池で利用されるわけではない．現在，単結晶 Si 太陽電池の変換効率は 20 [%] 程度である．また，Si よりも有効に太陽光を利用できる GaAs では変換効率は 25 [%] 程度である．しかし，これらの太陽電池は生産コストがかかるため，大量生産には向いていない．安価に大量生産できるアモルファス Si や多結晶 $CuInSe_2$ では，変換効率はそれぞれ 12 [%] および 14 [%] 程度であり，実用化に向けて研究が進められている．

8.4　半導体レーザ

　レーザ (LASER) は，"Light Amplification by Stimulated Emission of Radiation" の頭文字をつなげて作った造語である．直訳すると，"放射の誘導放出による光増幅" である．レーザ光は通常の光と異なり，次のような特徴がある．
(1) 波長が一定の単色光である．
(2) 電磁波の位相がそろったコヒーレント光である．
この結果として，
(1) 発散が小さく，集光性が極めて高い．
(2) エネルギー密度が高い．
という特長を持つ．これらの特長を生かしてレーザはさまざまな分野で使われている．
　レーザ発振を起こすためには，以下の 3 つの条件を満足する必要がある．
(1) 発光を伴うエネルギー準位間の電子遷移が存在する．
(2) 励起状態にある電子数を基底状態にある電子数より多くできる．すなわち，励起状態の寿命が適当な長さであって，反転分布を実現できる．ここで，反転分布とは，通常ならばエネルギーが高くなるにつれて電子数は減少するが，これとは逆に，エネルギーの高い準位により多くの電子が存在する状態のことである．
(3) 発振波長に合わせて共振器をおくことができる．
特に第 3 の条件が重要であり，共振器の中で光を往復させることによって，共振条件を満足する光だけを増幅し，取り出すことができる．

　上の 3 つの条件を満足すればレーザ光が得られるので，用途によって，気体レーザ，固体レーザ，半導体レーザ，色素レーザなど，さまざまなものが実用化されている．ここでは，光通信や CD などに使われている半導体レーザについて概説する．

　初期の半導体レーザにおいては，図 8.9(a) に示すように GaAs の pn 接合に電流を流すことによってレーザ光を得ていた．しかし，この構造では注入されたキャリアが

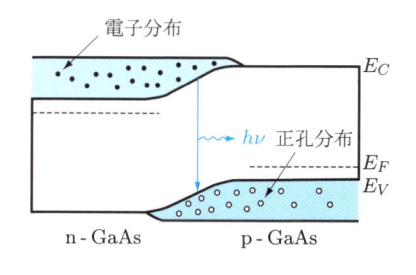

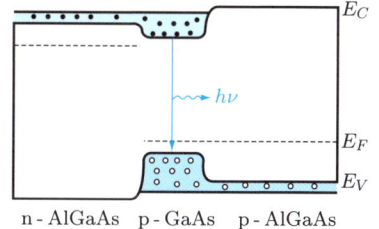

(a) GaAs pn接合からの発光　　　(b) ヘテロ接合によるキャリアの閉じ込め

■ 図 8.9　半導体レーザの動作原理

拡散で広がってしまうので，発振を起すためのしきい値電流が大きく，発光効率も悪い．そこで，図 8.9(b) に示すように，GaAs よりもバンドギャップが大きい AlGaAs で GaAs の活性層を挟みこんだダブルヘテロ接合レーザ (DH レーザ) が開発された．DH レーザでは，伝導帯および価電子帯にバンド不連続が生じるため，キャリアを有効に閉じこめることができるので，容易に反転分布を得ることができる．また，GaAs の方が AlGaAs よりも屈折率が大きいために，光を活性層内に閉じ込めることができる．これらの効果によって，レーザ発振に要する電流密度を 100〜1000 [A/cm^2] 程度まで抑えることが可能となった．

半導体レーザでは，図 8.10 に示すように，pn 接合面に垂直な 2 枚のへき開面を反射鏡として用いる．したがって，発振波長 λ はレーザの長さ L によって決まり，次のような関係にある．

$$L = \frac{\lambda}{2} n \quad (n = 1, 2, 3, \cdots) \tag{8.13}$$

すなわち，半波長の整数倍が L に等しい光のみがレーザ光として取り出される．この場合にはいくつもの波長でレーザ発振が起こってしまうが，現在では，接合面に沿って周期構造を作製することにより，単一の波長での発振が可能となっている．

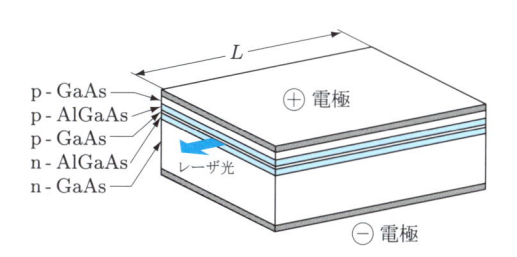

■ 図 8.10　ダブルヘテロ接合レーザの構造

これまでに，光ファイバの低損失波長帯に合わせた長波長光通信用として InGaAs や InGaAsP が，また CD 用として AlGaAs や GaInAsP を用いた赤色レーザが実用化されている．さらに，近年ではブルーレイディスク (BD) 用に InGaN を用いた青色レーザも開発されている．

演習問題 8

1. GaAs および ZnSe のバンドギャップは室温でそれぞれ 1.43 [eV] および 2.67 [eV] である．それぞれの半導体における基礎吸収端波長を求めよ．
2. Si のバンド構造は図 8.4(a) に示すように，伝導帯の極小点が $k = (1, 0, 0)$ の方向にずれている．$k = (1, 0, 0)$ の点の波数を k_x とすると，極小点の波数 k_m は $k_m = 0.8 k_x$ である．Si の格子定数を $a = 5.43$ [Å]，バンドギャップを $E_g = 1.12$ [eV] とするとき以下の問いに答えよ．
    (1) $k_x (= 2\pi/a)$ を求めよ．
    (2) k_m を求めよ．
    (3) バンドギャップに相当する光の波長 λ および波数 k_l を求めよ．
    (4) k_l と k_m の比 k_l/k_m を求めよ．
3. GaAs にエネルギー 1.5 [eV] のフォトンを照射したとき，フォトン数の 80 [%] を吸収するのに必要な GaAs の厚さを求めよ．ただし，1.5 [eV] における GaAs の吸収係数を 10^4 [cm^{-1}] とし，表面における反射は考えないものとする．

第9章

誘電体

　すべての物質は，正電荷を帯びた原子核と負電荷を持った電子から構成されている．したがって，物質を電界中におくと，これらの荷電粒子はクーロン力により変位する．導体や半導体の場合には電子が運動し電流が流れるが，誘電体では構成荷電粒子がそれらの平衡位置からわずかに移動するだけで，変位は微視的となり分極という現象を示す．本章では，まず誘電率と分極の関係を定義し，局所電界という概念について述べる．次に，誘電体の分極機構の分類を行い，誘電率が外部印加電界の周波数により変化する誘電分散という現象について考察する．

9.1 誘電率と分極

　誘電体が電気を蓄積する能力を表すのに誘電率 ε が用いられる．真空の誘電率は $\varepsilon_0 = 8.854 \times 10^{-12}$ [F/m] である．物質の誘電率 ε を ε_0 で割った値，

$$\varepsilon_r = \frac{\varepsilon}{\varepsilon_0} \tag{9.1}$$

を比誘電率とよび，通常この値が用いられる．種々の物質の比誘電率の室温での測定結果を表 9.1 に示す．

表 9.1 種々の物質の比誘電率

物質名	比誘電率
Si	11.9
Ge	16.0
GaAs	13.1
SiO_2	3.9
Si_3N_4	7.5
ポリエチレン	2.2～2.4
ナイロン	5～14
水	81

図 9.1 に示すように，平行平板電極間に誘電体を挿入したコンデンサに直流電圧を印加すると，誘電体を構成する分子内の正電荷と負電荷は互いにわずかに移動する．この結果，正電極側に面した誘電体表面には負の電荷 $-Q_p$ が，また負電極側に面した誘電体表面には正の電荷 Q_p が誘起される．このとき，誘電体は分極しているという．ここで，極板上の電荷 Q を真電荷，誘電体表面に誘起された電荷 Q_p を分極電荷とよぶ．

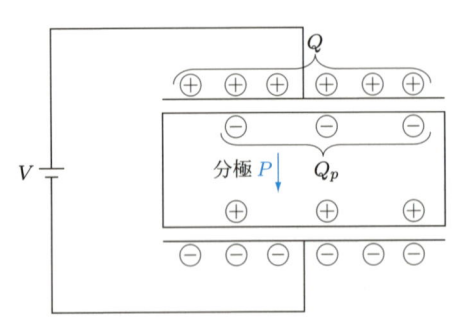

■ 図 9.1 誘電体に直流電圧を印加したときに誘起される電荷と分極

単位体積当りの双極子モーメントを分極と定義し P で表すと，誘電体内の電束密度 D は誘電体内の電界 E と P により次のように定義される．

$$D = \varepsilon_0 E + P \tag{9.2}$$

多くの誘電体では P は E に比例し，次式で表すことができる．

$$P = \chi E \tag{9.3}$$

ここで，比例定数 χ は電気感受率とよばれ，E によらない定数である．また，D と E の間には，

$$D = \varepsilon E = \varepsilon_0 \varepsilon_r E \tag{9.4}$$

の関係があるから，式 (9.2) と式 (9.4) より，

$$P = \varepsilon_0(\varepsilon_r - 1)E \tag{9.5}$$

と表せる．また，式 (9.3) と式 (9.5) から電気感受率と比誘電率の間には，

$$\chi = \varepsilon_0(\varepsilon_r - 1) \tag{9.6}$$

の関係がある．

9.2 局所電界

9.2.1 巨視的電界と局所電界

誘電体に外部から電圧を印加した場合，系を構成する個々の粒子に作用する電界は外部電界とは異なったものとなる．なぜなら，外部電界の印加により系を構成する粒子に双極子モーメントが誘起され，その双極子モーメントが着目した粒子の位置に作る電界が無視できなくなるからである．この結果，着目した粒子に作用する電界は，外部から印加した電界と着目した粒子以外のすべての粒子に誘起された双極子モーメントの作る電界との和となる．このように，個々の粒子に作用する電界を局所電界または内部電界とよび，E_l で表す．局所電界 E_l は物質の構造に強く依存し，短い距離の変化に対しても激しく変動する．これに対し，局所電界を平均したものを巨視的電界といい，E で表す．通常の電磁気学で用いられる電界はこの巨視的電界である．

局所電界 E_l は特殊な場合にしか簡単には求められないが，一般的には巨視的電界 E と分極 P を用いて，

$$E_l = E + \gamma \frac{P}{\varepsilon_0} \tag{9.7}$$

と表される．ここで，γ は物質の構造に依存する定数であり，局所電界定数とよばれる．

9.2.2 ローレンツ電界

局所電界定数 γ を求める最も簡単な方法は，以下で述べるローレンツの方法である．ローレンツの方法では，図 9.2 に示すように，E_l を求めたいと思う点を中心にして半径 a の球を考える．そして，この球内では構成粒子が互いに区別されるが，球外では誘電体は連続体とみなすものとする．E_l の計算は，この仮想的な小球の内外の誘電体

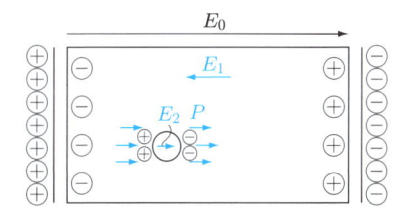

■ 図 9.2　ローレンツの方法による局所電界の導出

からの寄与を分けて行う．すなわち，E_l は次式で表される．

$$E_l = E_0 + E_1 + E_2 + E_3 \tag{9.8}$$

ここで，E_0：外部電界
　　　　E_1：誘電体外表面の分極電荷が小球の中心に作る電界
　　　　E_2：小球の表面に分布している分極電荷が小球の中心に作る電界
　　　　E_3：小球内部にある双極子が小球の中心に作る電界

E_1，E_2，E_3 はそれぞれ以下のように計算する．

（1）　E_1 の計算

E_1 は反電界とよばれ，誘電体の形状によって決まる．この場合には，E_1 と外部印加電界 E_0 との和は巨視的電界 E に等しくなる．すなわち，

$$E_0 + E_1 = E \tag{9.9}$$

である．

（2）　E_2 の計算

小球外部にある多くの双極子の合成ベクトルである分極 P が小球の中心に作る電界が E_2 である．誘電体が等方的であるとすると，E_2 と P は外部電界 E_0 と同じ方向を向いている．図 9.3 において，分極の方向を x 軸とし，この軸より角 θ と $\theta + d\theta$ との間の帯状の面積を ds とする．この球の微小面積 ds に現れる電荷は，ds 面に対する P の垂直成分 $P\cos\theta$ と ds との積 $P\cos\theta\,ds$ である．よって，この電荷が小球の中心に作る電界 dE は，

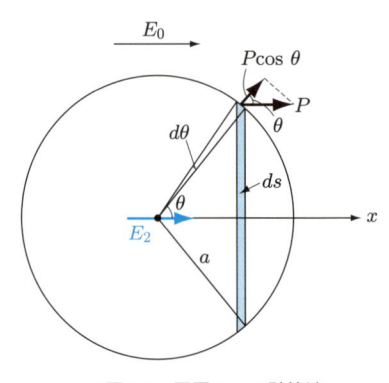

■ 図 9.3　電界 E_2 の計算法

$$dE = \frac{P\cos\theta ds}{4\pi\varepsilon_0 a^2} \tag{9.10}$$

となる．対称性から，この電界の E_0 方向成分 $dE\cos\theta$ が有効となり，ほかの成分は積分するときに消えてしまう．ここで，帯状の部分の面積 ds は，

$$ds = 2\pi(a\sin\theta)ad\theta \tag{9.11}$$

であるから，E_2 は次のようになる．

$$E_2 = \int_0^\pi \frac{P\cos^2\theta}{4\pi\varepsilon_0 a^2} 2\pi a^2 \sin\theta d\theta = \frac{P}{3\varepsilon_0} \tag{9.12}$$

（3）E_3 の計算

E_3 は球内部の分子，原子の配列および分極率に依存し，一般に求めることは困難である．特殊な場合として，

（i）分子の分布がまったく不規則で一様であるとき．
（ii）立方晶系など3方向に対称に配列しているとき．

には $E_3 = 0$ となる．これ以外の場合には $E_3 \neq 0$ である．

以上より，ローレンツの方法による局所電界 E_l は，

$$E_l = E + \frac{P}{3\varepsilon_0} \tag{9.13}$$

となる．式 (9.13) で表される局所電界を<u>ローレンツ電界</u>という．式 (9.13) と式 (9.7) を比較すると，ローレンツ電界は局所電界定数 γ が 1/3 の場合であることがわかる．

9.3 電気分極の機構

均質な誘電体の分極機構は電子分極，イオン分極，双極子分極の3つに大別される．以下に，それぞれの分極機構による分極 P および分極率 α を求める．

9.3.1 電子分極

電界 E_l 中におかれた1個の原子を考える．簡単化のため，原子は $+Zq$ の点電荷からなる原子核と，原子核を中心とした半径 R の球内に一様な密度で分布している電子雲からできていると考える．電界がかかっていない場合には，図 9.4(a) に示すように，それぞれの電荷の中心が一致しているので電気的に中性である．この原子に電界 E_l が印加されると，図 9.4(b) に示すように，電子雲の中心と原子核とが相対的に変位することにより分極を生じる．これを<u>電子分極</u>とよび，P_e で表す．

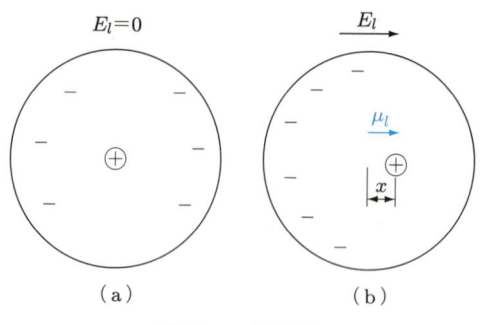

■ 図 9.4　電子分極

いま，電子雲の中心と原子核との距離が x のところで E_l による力とずれをもとに戻そうとする力がつり合ったとすると，復元力の大きさ F は次式で与えられる．

$$F = \frac{1}{4\pi\varepsilon_0}\frac{(Zq)^2(x/R)^3}{x^2} \tag{9.14}$$

平衡点の位置 x は，F と ZqE_l がつり合うという条件から，

$$x = \frac{4\pi\varepsilon_0 R^3}{Zq}E_l \tag{9.15}$$

したがって，この原子に誘起された双極子モーメントの方向は E_l の方向と同じで，その大きさ μ_e は，

$$\mu_e = Zqx = 4\pi\varepsilon_0 R^3 E_l = \alpha_e E_l \tag{9.16}$$

となる．ここで α_e を**電子分極率**という．単位体積中の原子数を N とすると，電子分極 P_e は次式で与えられる．

$$P_e = N\alpha_e E_l \tag{9.17}$$

電子分極はすべての物質に存在する．そして，式 (9.16) から α_e は原子半径 R^3 に比例するので，電子数の大きい原子ほど大きくなる．

9.3.2　イオン分極

イオン結晶 (NaCl，KB，LiF など) のように正負のイオンを持つ場合には，局所電界 $E_l = 0$ のときは分極を起こしていない (図 9.5(a))．局所電界 E_l が印加されると，図 9.5(b) に示すように，正負のイオンは反対方向にそれぞれ変位するので双極子モーメントを生じる．このイオン間の相対的変位により誘起された分極を**イオン分極**とよび，P_i で表す．

9.3 電気分極の機構

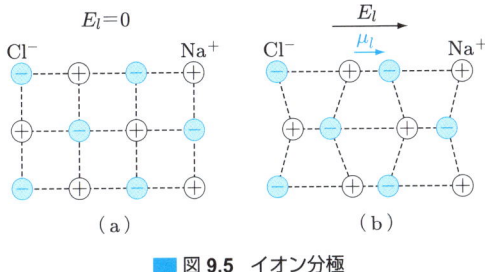

図 9.5 イオン分極

NaCl の場合，Na$^+$ と Cl$^-$ がバネ定数 K のバネで結ばれたものとみなすと，E_l によって誘起された変位 d は，

$$Kd = qE_l \tag{9.18}$$

となる．よって，イオン分極により誘起された双極子モーメント μ_i は，

$$\mu_i = qd = \frac{q^2}{K}E_l = \alpha_i E_l \tag{9.19}$$

と表される．ここで，α_i を**イオン分極率**という．単位体積中のイオン数を N_i とすると，イオン分極 P_i は次式で与えられる．

$$P_i = N_i \alpha_i E_l \tag{9.20}$$

9.3.3 双極子分極 (配向分極)

H$_2$O などの分子では，図 9.6 に示すように H に対し O の電気陰性度が大きいため，H はいくらか正に帯電し H$^{\delta+}$ となり，O はいくらか負に帯電し O$^{\delta-}$ となる．この結果，局所電界がかかっていない場合でも O から H に向かう双極子モーメントが常に存在する．このような分子を**極性分子**といい，この双極子モーメントを**永久双極子モーメント** μ_p とよぶ．

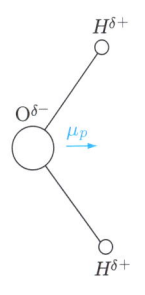

図 9.6 永久双極子モーメント μ_p を持つ H$_2$O 分子

多数の永久双極子は，局所電界 $E_l = 0$ の場合には，図 9.7(a) に示すように熱運動によってあらゆる方向に向いている．この結果，永久双極子モーメントの合成ベクトルは 0 となり，分極を示さない．しかし，図 9.7(b) に示すように局所電界 E_l を印加すると，μ_p は E_l の向きに配向しようとして分極を生じる．この分極を双極子分極または配向分極とよぶ．どの程度配向するかは，熱エネルギーによるランダムな運動と電界の大きさとのかね合いによって決まる．

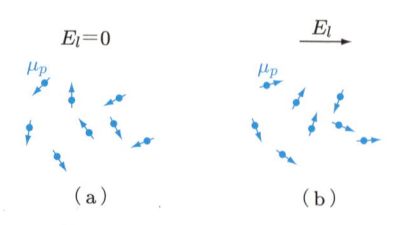

■ 図 9.7 永久双極子モーメントの配向

ここで，z 軸方向に局所電界 E_l が印加されたときの双極子分極 P_p を求める．局所電界を印加すると，双極子はこの電界の方向に整列しようとするが，熱エネルギーによるランダムな運動がこの整列をさまたげるように働く．したがって，この計算を行うためには以下に示すような統計力学の手法が必要になる．

双極子モーメント μ_p の方向が，図 9.8 に示すような立体角 $d\Omega$ 中にあるとき，分子は次式で表される相互作用エネルギー U を持つ．

$$U = -\mu_p E_l \cos\theta \tag{9.21}$$

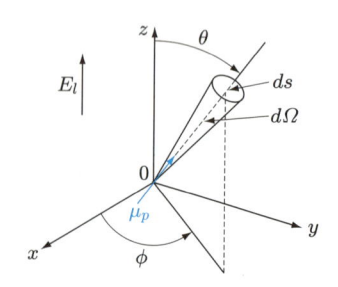

■ 図 9.8 双極子の配向確率

したがって，μ_p の電界方向に対する余弦の平均値 $\langle \cos\theta \rangle$ は，統計力学によれば，

$$\langle \cos\theta \rangle = \frac{\int \cos\theta \exp\left(-\dfrac{U}{k_B T}\right) d\Omega}{\int \exp\left(-\dfrac{U}{k_B T}\right) d\Omega} \tag{9.22}$$

で与えられる．ここで，k_B はボルツマン定数である．図 9.8 より，$d\Omega = \sin\theta d\theta d\phi$ であるから，式 (9.21), (9.22) より，

$$\langle \cos\theta \rangle = \frac{\int_0^\pi \cos\theta \exp\left(\frac{\mu_p E_l}{k_B T} \cos\theta\right) \sin\theta\, d\theta \int_0^{2\pi} d\phi}{\int_0^\pi \exp\left(\frac{\mu_p E_l}{k_B T} \cos\theta\right) \sin\theta\, d\theta \int_0^{2\pi} d\phi} \tag{9.23}$$

となる．ここで，

$$x = \frac{\mu_p E_l}{k_B T} \cos\theta, \qquad a = \frac{\mu_p E_l}{k_B T} \tag{9.24}$$

とおくと，

$$\langle \cos\theta \rangle = \frac{1}{a} \cdot \frac{\int_{-a}^{a} x e^x dx}{\int_{-a}^{a} e^x dx} = \frac{e^a + e^{-a}}{e^a - e^{-a}} - \frac{1}{a} = L(a) \tag{9.25}$$

となる．ここで，$L(a)$ は**ランジュバン関数**とよばれ，図 9.9 のように変化する．a が大きいとき，すなわち温度が低いときあるいは局所電界が大きいときは，$L(a)$ は 1 に近づく．これは，すべての永久双極子が局所電界の向きに完全に整列する場合である．しかし，通常の温度や電界では $a \ll 1$ であるので，

$$L(a) \sim \frac{a}{3} \tag{9.26}$$

と近似できる．この場合には双極子モーメントの電界方向成分の平均値は，

$$\mu\langle \cos\theta \rangle = \frac{\mu_p^2 E_l}{3k_B T} \tag{9.27}$$

となる．μ_p の電界と垂直な方向の成分は対称性から 0 となる．単位体積当りの双極子分子数を N_p とすると，双極子分極 P_p は次式で与えられる．

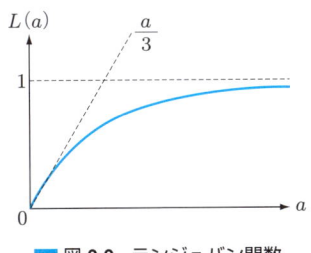

■ 図 9.9 ランジュバン関数

$$P_p = \frac{N_p \mu_p^2}{3k_B T} E_l = N_p \alpha_p E_l \tag{9.28}$$

ここで，α_p は双極子分極率または配向分極率とよばれる．式 (9.28) から分かるように，α_p は温度に逆比例して変化する．このことはほかの分極率に比べ，きわめて特徴的である．

9.4 誘電分散

これまでは静電界のもとでの分極を考えてきたが，ここで交流電界のもとでの分極を考える．誘電体を構成している原子や分子の持つ双極子は，交流電界の周期的変化に対応してその向きを変える．電界の変化が遅い間はその変化に追随できるが，双極子の変化には慣性があるため，ある周波数以上になるとその変化についていけなくなり分極が認められなくなる．このため，誘電率が交流の角周波数 ω によって変化する現象が起こる．この現象を誘電分散とよぶ．

誘電体に交流電界 E が加わると，これによって生じる分極 P もまた同じ周期で変化するものと考えられる．しかし，E を加えると瞬時に分極が発生するわけではなく，若干の時間遅れが生じる．いま電界が，

$$E = E_0 \exp(i\omega t) \tag{9.29}$$

で変化し，P したがって電束密度 D が位相角 δ だけ遅れて変化するものとすると，

$$D = D_0 \exp[i(\omega t - \delta)] \tag{9.30}$$

と表せる．ここで，E_0, D_0 は振幅であり，ω は角周波数，i は虚数単位である．D を E で割った誘電率は次式に示すように複素数となるので，これを複素誘電率 ε^* と表し，その実数部を ε'，虚数部を ε'' とする．すなわち，

$$\frac{D}{E} = \frac{D_0}{E_0} \exp(-i\delta) = \frac{D_0}{E_0} \cos\delta - i\frac{D_0}{E_0} \sin\delta \tag{9.31}$$

$$\frac{D}{E} \equiv \varepsilon^* = \varepsilon' - i\varepsilon'' \tag{9.32}$$

となる．

電子分極，イオン分極，双極子分極すべてが起こりうる誘電体において，誘電率の実数部 ε'，虚数部 ε'' の角周波数 ω 依存性を模式的に示したのが図 9.10 である．どの程度の ω で分散を生じるかは分散の追随できる速さによるが，分散を生じる角周波数の大体の値は次のようになる．

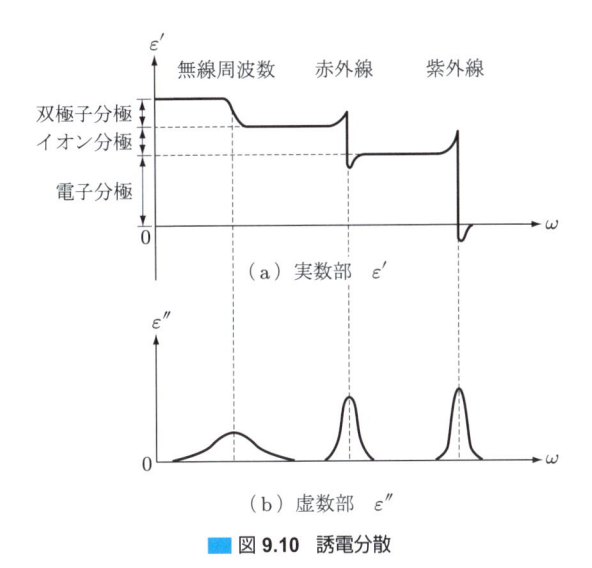

図中ラベル：
- ε′
- 無線周波数　赤外線　紫外線
- 双極子分極
- イオン分極
- 電子分極
- ω
- （a）実数部　ε′
- ε″
- （b）虚数部　ε″

■ 図 9.10　誘電分散

(1) 双極子分極の緩和：短波からマイクロ波領域，$10^6 \sim 10^9$ [Hz] 程度
(2) イオン分極の緩和：赤外線領域，10^{13} [Hz] 程度
(3) 電子分極の緩和：紫外線領域，10^{15} [Hz] 程度

すなわち，周波数を上げていくと，まず比較的重くて動きにくい永久双極子は電界の変化に追随できなくなるために，双極子分極が消滅する．さらに周波数を上げていくと，次にイオン分極が緩和され，紫外線領域まで周波数を上げると最後まで残った電子分極が緩和されてしまう．

また，図 9.10(b) からわかるように，これらの周波数において誘電率の虚数部 ε'' が増加する．これは，誘電体が交流電界からエネルギーを吸収し，電磁波のエネルギーが熱エネルギーに変換するためである．これを誘電損とよび，エネルギー損失を表す．このため，高周波用のコンデンサには誘電損の小さいものを用いる必要がある．

演習問題 9

1. Ar の電子分極率は 1.43×10^{-40} [Fm^2] である．10^4 [V/cm] の電界中に Ar 原子をおいたとき，Ar の原子核と電子雲の中心のずれを求めよ．ただし，Ar 原子は，半径 R の球内に一様な密度で分布する電子雲と，球の中心にある点電荷の核から構成されているものとする．

2. (1) 0 [°C]，1 気圧における 1 [m^3] 中の気体原子の数 N を求めよ．ただし，0 [°C]，1 気圧において 1 モルの気体が占める体積は 22.4 [l] であり，この中にはアボガドロ数 $N_A = 6.02 \times 10^{23}$ 個の原子が入っている．

   (2) Ar の電子分極率を 1.43×10^{-40} [Fm^2] とするとき，0 [°C]，1 気圧における Ar ガスの比誘電率 ε_r を求めよ．

第 10 章

磁 性 体

エレクトロニクスの分野において，磁気的性質を用いたデバイスは非常に多く，日常生活において利用する機器の中にも多く見られる．この磁性の原因は，原子内の電子の運動や電子自身に内在する本性によるものであって，量子力学によってはじめて明らかとなった．また，磁性体には反磁性，常磁性，強磁性，反強磁性，フェリ磁性などさまざまな性質を示すものが存在する．本章ではこれらについて定性的な説明を行う．

10.1 磁化率と透磁率

磁気を生じるものを磁極といい，N 極と S 極がある．電気における正負の電荷の場合と同様に，同極間は反発し，異極間は引き合う性質を持つ．電気の場合との違いは，磁極は単独には存在することはできず，必ず反対の極性とともに存在する点である．強さ m_1 の磁極と m_2 の磁極との間に働く力 F は次式で与えられる．

$$F = \frac{m_1 m_2}{4\pi \mu_0 r^2} \tag{10.1}$$

ここで，r は 2 つの磁極間の距離，μ_0 は真空の透磁率で $\mu_0 = 1.257 \times 10^{-6}$ [H/m] の値を持つ．また，$+m$ と $-m$ の磁極が距離 l だけ離れて対を形成するとき，

$$\mu_m = ml \tag{10.2}$$

を磁気モーメントと定義する．

単位体積当りの磁気モーメントを磁化 M といい，等方的な磁性体の場合には，

$$M = \chi_m H \tag{10.3}$$

となる．ここで，χ_m を磁化率とよぶ．χ_m の単位は無次元である．磁性体の磁化は，この磁気モーメントと真空の磁化との和で与えられるので，磁束密度 B は次式のようになる．

$$B = \mu_0 H + \mu_0 M = \mu_0(1+\chi_m)H = \mu_m H \tag{10.4}$$

ここで,

$$\mu_m = \mu_0(1+\chi_m) \tag{10.5}$$

であり, μ_m は磁性体の透磁率とよばれる. μ_m と μ_0 の比を μ_{mr} とおくと,

$$\mu_{mr} = \frac{\mu_m}{\mu_0} = 1 + \chi_m \tag{10.6}$$

となり, この μ_{mr} を比透磁率とよぶ. $\chi_m > 0$ の場合を常磁性, $\chi_m < 0$ の場合を反磁性という.

10.2 磁性の根源

磁性の根源は電子の軌道運動と電子自身のスピンである. すなわち, 図 10.1 に示すように, 原子核の周りの電子の回転運動によって軌道磁気モーメント μ_l が生じ, これに加えて電子自身のスピン磁気モーメント μ_s が存在する. ここでは, それぞれについて概説し, さらに多数の電子が存在する場合の磁気モーメントの合成法について述べる.

10.2.1 電子の軌道運動による磁気モーメント

図 10.1 に示すように, $-q$ の電荷を持った電子が原子核の周りを円運動しているものとすると, 軌道磁気モーメントが発生する. その大きさ μ_l は次式で与えられる.

$$\mu_l = \mu_0 i S \tag{10.7}$$

ここで, i は軌道に沿って流れる電流, S は円の面積 (πr^2) である. 円運動の角速度を ω とすると,

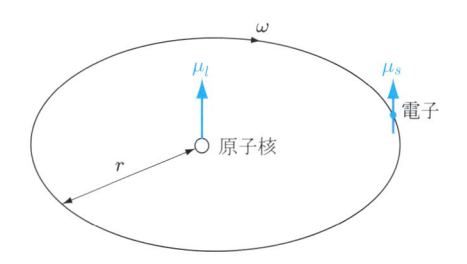

■ 図 10.1 軌道磁気モーメント μ_l およびスピン磁気モーメント μ_s

$$i = q\frac{\omega}{2\pi} \tag{10.8}$$

であるので，式 (10.7) は，

$$\mu_l = \mu_0 q \frac{\omega}{2\pi}\pi r^2 = \frac{1}{2}\mu_0 q\omega r^2 \tag{10.9}$$

となる．また，この円運動に対する力学的な軌道角運動量 L_l は

$$L_l = m\omega r^2 \tag{10.10}$$

であるから，μ_l は L_l により，

$$\mu_l = \frac{\mu_0 q}{2m}L_l \tag{10.11}$$

と表される．

量子力学によると，軌道角運動量 L_l は連続的な値をとることはできず，次のように離散化される．

$$L_l = \hbar\sqrt{l(l+1)} \qquad (l = 0,\ 1,\ 2,\ \cdots,\ n-1) \tag{10.12}$$

ここで，l は方位量子数，n は主量子数である．したがって，軌道磁気モーメントは，

$$\mu_l = \frac{\mu_0 q\hbar}{2m}\sqrt{l(l+1)} = \mu_B\sqrt{l(l+1)} \tag{10.13}$$

と表される．ここで，

$$\mu_B = \frac{\mu_0 q\hbar}{2m} = 9.274\times 10^{-24} \quad [\text{J/T}] \tag{10.14}$$

をボーア磁子とよぶ．

■ 10.2.2　電子のスピンによる磁気モーメント

電子は軌道運動のほかに自転も行っている．この自転に伴う角運動量をスピン角運動量とよぶ．量子力学によると，スピン角運動量の大きさ L_s は次式で与えられる．

$$L_s = \hbar\sqrt{s(s+1)} \qquad \left(s = +\frac{1}{2},\ -\frac{1}{2}\right) \tag{10.15}$$

ここで，s をスピン量子数という．このスピン角運動量による磁気モーメント μ_s は，

$$\mu_s = \frac{\mu_0 q}{m}L_s = \frac{\mu_0 q\hbar}{m}\sqrt{s(s+1)} = 2\mu_B\sqrt{s(s+1)} \tag{10.16}$$

と表される．

10.2.3 フントの規則

原子核の周りには原子番号と等しい数の電子が存在する.これらの多電子系について角運動量の合成を考える.まず,すべての電子について軌道角運動量およびスピン角運動量の総和を求め,それぞれを L および S とする.次に両者を用いて全角運動量 J を求める.この結合方式は **LS 結合** とよばれる.この LS 結合は,次に述べる **フントの規則** に従う.

(1) 各電子のスピンは加算されて,パウリの排他律に矛盾しない最大可能な S の値を作る.
(2) 各電子の軌道角運動量は結合して (1) と矛盾しない L の最大値を作る.
(3) 不完全殻に LS 結合がある場合は,内部量子数 J は次のようになる.
   殻の半分以下しか電子が満たされていないとき:$J = |L - S|$
   殻の半分以上電子が満たされているとき   :$J = L + S$

この LS 結合によると,全磁気モーメント μ_m は内部量子数 J によって,

$$\mu_m = g\mu_B \sqrt{J(J+1)} \tag{10.17}$$

で与えられる.ここで,g は **ランデの g 因子** とよばれ,

$$g = \frac{3J(J+1) + S(S+1) - L(L+1)}{2J(J+1)} \tag{10.18}$$

と表される.

以上の結果を用いることにより,実際の原子や分子の全磁気モーメント μ_m を求めることができる.

10.3 磁性体の分類とそれらの応用

前節で述べたように,原子の全磁気モーメント μ_m は軌道磁気モーメント μ_l の総和とスピン磁気モーメント μ_s の総和の合計となる.磁界がなくても,これら全体の和が互いに打ち消し合わずに有限の大きさを持つ場合がある.これを **永久磁気双極子** または **永久磁気モーメント** を持つという.この永久磁気モーメントを持つかどうか,また永久磁気双極子間の相互作用の仕方によって,式 (10.3) で定義される磁化率 χ_m が決まる.このようにして磁性体を分類すると表 10.1 のようになる.この分類に従って,各磁性における永久双極子間の相互作用を模式的に示すと図 10.2 のようになる.

永久磁気モーメントを持たない場合を **反磁性** とよぶ.また,図 10.2(a) は **常磁性** であって,永久磁気モーメントは持つがそれらが熱運動によってランダムな運動をして

■ 表 10.1　磁性体の分類

磁性の型	χ_m	永久磁気双極子
反磁性	-10^{-6} 程度	無し
常磁性	$10^{-3} \sim 10^{-5}$	無秩序
強磁性	正で大，磁界に依存	等しい双極子の平行配列
反強磁性	$10^{-3} \sim 10^{-5}$	等しい双極子の逆平行配列
フェリ磁性	正で大，磁界に依存	異なる双極子の交互逆平行配列

いるため，χ_m は非常に小さい．図 10.2(b) は強磁性であって，双極子が互いに平行に配列しているため，χ_m は非常に大きくかつ磁界に依存する．図 10.2(c) は反強磁性であり，隣接する双極子が互いに逆平行に配列し磁性を打ち消してしまうので，χ_m は非常に小さい．図 10.2(d) はフェリ磁性であって，大きさの異なる双極子が交互に隣接して逆平行に整列しているので，差し引き大きな磁気モーメントを持つ．以下，それぞれの磁性体について概説する．

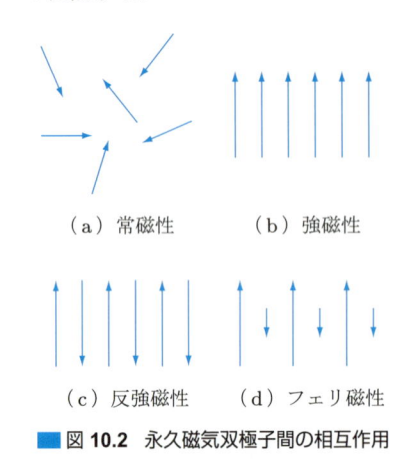

　　　（a）常磁性　　　（b）強磁性

　　　（c）反強磁性　　（d）フェリ磁性

■ 図 10.2　永久磁気双極子間の相互作用

10.3.1　反磁性体

　すべての物質は反磁性を示す性質がある．しかし，すべての物質が負の磁化率を示すとは限らない．ある物質は常磁性であり，またほかの物質は強磁性である．これは，反磁性がほかのより強い効果によりおおわれてしまっているからである．

　反磁性の原因は軌道電子の運動にある．すなわち，電磁気学におけるレンツの法則により，外部から磁界を印加すると磁界の変化を妨げる方向に電流が流れる．これによって，磁界の変化を妨げる方向，すなわち印加磁界と逆向きの磁界が生じる．し

たがって，負の磁化率を示す．

反磁性体の磁化率は -10^{-6} 程度であり，温度にはほとんど依存しない．これはほかの磁性体の磁気的性質とは異なっている．ほかの磁性体においては，磁化率は温度によって変化する．

10.3.2 常磁性体

核外電子が閉殻構造をしている場合には，全軌道角運動量も全スピン角運動量も 0 であるから，永久磁気モーメントは 0 となり反磁性のみを示す．これに対して不完全に満たされた殻を持つ元素は永久磁気モーメントを持つ．これらの永久磁気双極子間に強い相互作用が働かない場合には，その物質は常磁性を示す．

常磁性体において外部磁界がないときには，図 10.2(a) に示すように，各原子の磁気モーメントは熱運動のためにランダムな方向を向いている．このため，多数の原子についての磁気モーメントの和は 0 となる．この物質に磁界を印加すると，磁気モーメントは磁界の方向に並ぼうとする．この力が熱運動によるランダムな方向に向こうとする力とつり合ったところで熱平衡状態となる．この状態では，全体として磁界の方向に磁化が生じるので，正の磁化率を示す．

常磁性体の磁化率 χ_m は，ここでは計算は省略するが，次式で与えられる．

$$\chi_m = \frac{C}{T} \tag{10.19}$$

$$C = \frac{N\mu_m^2}{3k_B} \tag{10.20}$$

ここで，N は単位体積中の双極子数，μ_m は式 (10.17) で与えられる全磁気モーメントである．すなわち，常磁性体の磁化率 χ_m は温度 T に反比例する．これはピエール・キュリーによって実験的に発見されたので，キュリーの法則とよび，比例定数 C をキュリー定数とよぶ．常磁性体の χ_m は，室温で $10^{-3} \sim 10^{-5}$ 程度であり，式 (10.19)，(10.20) で計算した値もほぼこの程度となる．

10.3.3 強磁性体

Fe，Co，Ni あるいはそれらの合金は強磁性体である．表 10.1 に示すように，これらの材料の磁化率 χ_m は正で大きく，磁界に依存して変化する．

磁化していない強磁性体に，外部磁界を印加し 0 から徐々に大きくしていくと，図 10.3 に示すように，O から A に至るまで磁化は増加する．しかし，A を越すとそれ以上磁界を強くしても磁化は増加しない．これを磁化飽和といい，A での磁化を飽和磁

化 M_s と表す．次に，A から徐々に磁界を弱くしていくと，磁化は前の道筋を通らないで減少する．磁界 H が 0 のときでも磁化 OB が残る．これを残留磁化という．さらに，磁界の方向を逆転して大きくしていくと C において磁化は 0 となる．この磁界の大きさ OC を保磁力という．磁界をさらに強くしていくと，磁化は増大し，D に至って A と逆方向の飽和磁化を示す．ふたたび磁界を逆転し大きくしていくと，F において磁化は 0 となり，さらに A の飽和磁化に至る．その後は同様の磁界の変化を繰り返しても，同じ経路に沿って磁界の強さと磁化は変化する．曲線 ABCDEFA を磁化曲線またはヒステリシスループとよぶ．このループを 1 周するごとに，ループの囲む面積に相当するエネルギーが消費される．

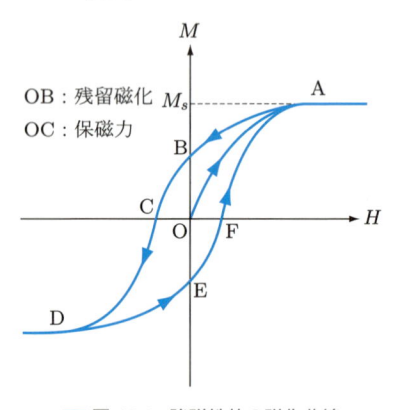

■ 図 10.3 強磁性体の磁化曲線

　強磁性体がこのような磁化曲線を描くのは，強磁性体が磁区とよばれる微小な領域から構成されているからである．磁区内では，それぞれの原子の磁気モーメントは，それらの間の相互作用によって，外部磁界が印加されていないときでも同じ方向を向いている．これを自発磁化という．

　磁化していない強磁性体においては，磁区は図 10.4(a) に示すように並んでいるため，全体としては磁性を外に表さない．外部磁界 H を加えると，図 10.4(b) に示すように，磁界と反対の方向に磁化していた磁区は小さくなっていき，磁界の方向を向く磁区の面積は大きくなる．さらに磁界を大きくすると，図 10.4(c) に示すように，最終的には 1 つの磁区に統一されて飽和に達する．この磁区構造の変化は，磁鉄鉱粉末をコロイド状にして強磁性体の表面に塗ると，顕微鏡で観察することができる．

　自発磁化が発生する原因は，各原子の磁気双極子間の量子力学的な相互作用により，電子スピンの方向が平行に並ぶためである．これは，交換相互作用とよばれ，ハイゼンベルグによって理論的に明らかにされた．このため，低温で磁化が飽和している場合には，強磁性体中のすべての原子の磁気双極子は同じ方向を向いている．しかし，

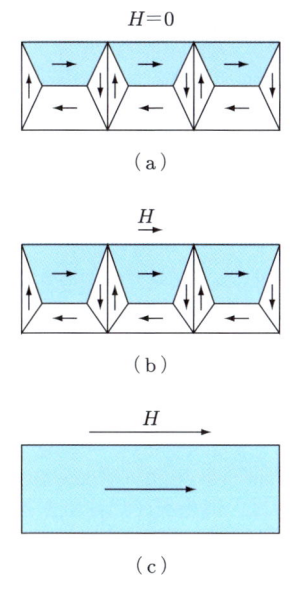

10.3 磁性体の分類とそれらの応用

図 10.4 外部磁界 H による磁区構造の変化

温度を上げていくと，熱エネルギーにより磁気双極子はランダムな方向を向こうとする．このランダムにさせる効果は，高温ではいっそう重要となり，ついには磁化の強さを大きく減少させる．したがって，飽和磁化 M_s の温度依存性は図 10.5 に示すようになる．飽和磁化 M_s が 0 となる温度をキュリー温度とよび，T_c で表す．キュリー温度以上では交換相互作用が働かないため，物質は常磁性体のように振る舞う．すなわち，この場合の磁化率 χ_m は式 (10.19) と同様に，

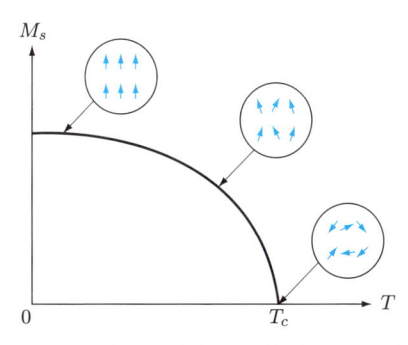

図 10.5 キュリー温度 T_c 以下での飽和磁化 M_s の温度依存性

$$\chi_m = \frac{C}{T - T_c} \quad (T > T_c) \tag{10.21}$$

と表される．これを**キュリー・ヴァイスの法則**とよぶ．

強磁性体は，主に変圧器の芯として使われている．特に Fe-Si 合金は，結晶粒方向をそろえ層状に加工することにより，損失の少ない材料として大電力用に実用化されている．

10.3.4 反強磁性体

図 10.2(c) に示すように，隣り合っている磁気双極子が互いに逆平行に並んでいる物質が**反強磁性体**である．この反強磁性を示す物質には，Cr, Mn, MnO, NiO などがある．これらの物質中で磁気双極子が反平行に並ぶのは，**交換相互作用**の性質による．すなわち，これらの物質では，隣の原子の磁気双極子が反平行に並んだとき，全体の静電エネルギーが最低になる．反強磁性体においても，ある臨界温度を越えると常磁性体になる．この特性温度は**ネール温度**とよばれている．

反強磁性は固体物理学的には興味深いが，工業的にはまだ重要な応用がない．これは，これらの物質では内部磁気モーメントを完全に打ち消しあっているため，全体としては自発磁化を示さないからである．

10.3.5 フェリ磁性体

図 10.2(d) に示すように，隣り合っている磁気双極子が互いに逆平行に並図 10.2(d) に示すように，となり合っている磁気双極子が互いに逆平行に並である．フェリ磁性体は差し引き大きな磁気モーメントを持つ．

フェリ磁性を示す代表的な物質は**フェライト**である．フェライトの持つ最も重要な特徴は，強磁性体とは違いそれらが絶縁体である点である．したがって，これらの物質においては，渦電流による損失は強磁性体金属に比べて非常に小さい．

フェライトの化学組成は，一般的に次のように表される．

$$MFe_2O_4$$

ここで，Fe は 3 価 (Fe^{3+}) であり，M は 2 価の陽イオン (Mn^{2+}, Fe^{2+}, Co^{2+}, Ni^{2+}, Cu^{2+} など) を表す．たとえば，ニッケルフェライトは $NiFe_2O_4$ と表され，鉄フェライトすなわち磁鉄鉱 (マグネタイト) は $FeFe_2O_4$ として表される．

フェライトは，**スピネル構造**とよばれる結晶構造をとる．これは，酸素イオンのつくる最密立方構造の隙間に金属イオンが入り込んだ構造である．金属イオンが入る位

置は，図 10.6 に示すように，正四面体の中心位置である A-site と正八面体の中心位置である B-site がある．A-site と B-site に入るイオンの持つ磁気モーメントの相違により，フェライトの磁性が決まる．すなわち，異なる大きさの磁気双極子が図 10.2(d) に示したように配列し，フェリ磁性を示す．

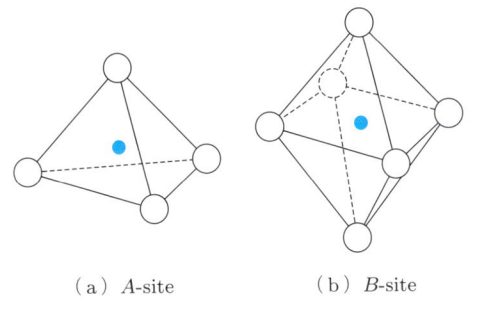

(a) A-site　　(b) B-site

■ 図 10.6　フェライトにおける金属イオンが入る格子位置

たとえば，ニッケルフェライト $NiFe_2O_4$ においては，Ni^{2+} は B-site に入り，Fe^{3+} は A-site と B-site に 1 つずつ入っている．A-site に入る Fe^{3+} と B-site に入る Fe^{3+} の間には反磁性相互作用が働くため，Fe^{3+} の磁気モーメントを打ち消し合っている．この打ち消し合いにより，フェライトの磁性は 2 価の金属イオンによって決まる．すなわち，ニッケルフェライトの各分子の磁気モーメントは Ni^{2+} の磁気モーメントに等しくなる．

高い抵抗率と強磁性のため，フェライトはラジオやテレビの部品として用いられてきたが，さらにスピーカー，モーターなどの永久磁石，磁気記録用のビデオテープ，フロッピーディスク，磁気ヘッド，磁気カードなどにその応用範囲を広げてきた．

また，磁歪効果を利用して振動子としても用いられている．磁歪効果というのは，磁性体に磁界を加えると磁性体が伸び縮みする現象である．フェライトの薄い円盤に一定磁界を印加した上で高周波電圧を印加することにより，数 kHz～数十 MHz の超音波を発生させる振動子が作製されている．

さらに，磁気バブルとして計算機のメモリに応用された．磁気バブルとは，直径が数 μm から数十 μm の円柱状の磁区である．この磁気バブルは安定に存在し，その発生，転送，検出ができることから，メモリとして利用できる．磁気バブルメモリは不揮発性のため，数値制御機械などの特定の用途に用いられてきた．しかし，アクセス速度が遅いという欠点のため，現在ではそれほど実用化されていない．

演習問題 10

1. Fe の磁化率 χ_m は 900 [°C] で 2.5×10^{-4} であり,キュリー温度 T_c は 770 [°C] である. 800 [°C] と 850 [°C] における Fe の磁化率を計算せよ.
2. Fe の結晶構造は,室温では体心立方格子であり,格子定数は 2.86 [Å] である.すべての磁気双極子が完全に同じ方向に並んだときの磁化の強さ M [G/cm^2] を求めよ.ただし,Fe 原子 1 個の磁気モーメントは 2.04×10^{-20} [G] である.

第11章

超 伝 導 体

1911年にカマリン・オネスは，水銀の電気抵抗が臨界温度 T_c = 4.153 [K] 以下の低温で 0 となる現象を発見した．これが超伝導である．その後，多くの単体金属や合金でこの超伝導現象が観測された．年とともにより高い臨界温度の超伝導物質が開発され，1973年には Nb_3Ge で T_c = 23.2 [K] に達した．その後13年間はこの記録は更新されなかったが，1986年から87年にかけて酸化物超伝導体で 100 [K] 近くの臨界温度が観測されるようになり，大きな関心を集めている．

本章では，まず超伝導現象を説明し，超伝導の原因について定性的に説明する．さらに，さまざまな超伝導材料とそれらの応用について述べ，最後に酸化物高温超伝導体について概説する．

11.1 超伝導現象

11.1.1 完全導電性

Pb，Nb などの金属を冷却していくと，図 11.1 に示すように，臨界温度 T_c 以下で超伝導状態に転移し，電気抵抗が 0 となる．このため，リング状の超伝導体に一度電流が流れ始めれば，永久に電流が流れ続けることが期待できる．実験から，電流の減

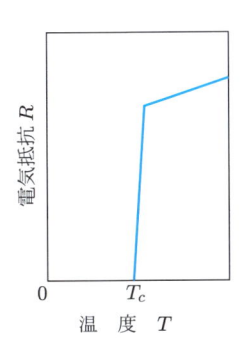

■ 図 11.1 超伝導体の電気抵抗の温度依存性

衰時間は 10 万年以上であると予測されている．このため，超伝導体に流れる電流は永久電流とよばれている．この完全導電性は，超伝導の基本的特性の一つであるとともに，実用的には最も重要な性質である．

超伝導体に強い磁界を印加すると，超伝導状態は壊れて常伝導状態に転移する．この臨界磁界 H_c は温度に依存し，実験的には，

$$H_c(T) = H_c(0)\left[1-\left(\frac{T}{T_c}\right)^2\right] \quad (11.1)$$

と表される．この関係を図 11.2 に示す．

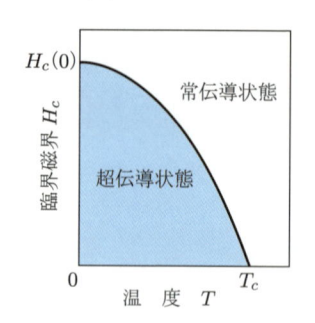

■ 図 11.2 臨界磁界の温度依存性

11.1.2 マイスナー効果

完全導電性と並ぶ超伝導体の基本的な特徴として，マイスナー効果がある．これは，超伝導体に外部磁界を印加した場合，磁束を超伝導体内部から常に排除して，内部の磁束密度 B を 0 にする完全反磁性を示す性質である．

図 11.3 に示すように，超伝導体を臨界磁界 H_c より弱い一様な磁場 H 中に置いたまま温度を下げていくと，超伝導体から磁束がはじき出される．すなわち，内部では，

$$B = \mu_0 H + \mu_0 M = 0 \quad (11.2)$$

となるので，磁化率 χ_m は，

$$\chi_m = \frac{M}{H} = -1 \quad (11.3)$$

となる．この値は，10.3.1 項で述べた通常の物質の磁化率よりも絶対値で約 6 ケタも大きい．電気抵抗 $= 0$ とあわせて，$B = 0$ あるいは $\chi_m = -1$ を示すことが超伝導状態の直接の証拠であり，超伝導と常伝導を区別する指標として使われている．

超伝導体に磁界を印加した場合，内部で $B = 0$ となるというのは，超伝導体の表面に外部磁場を打ち消すように反磁性電流が流れるからである．この表面電流が表面か

磁力線　　　　　磁力線

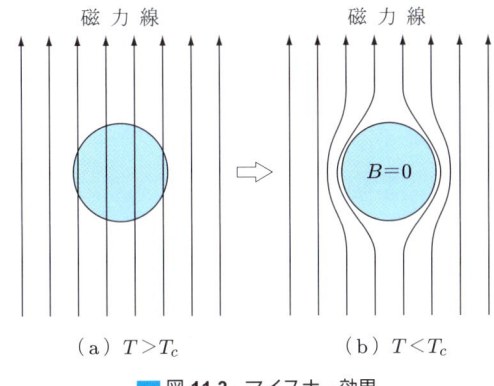

(a) $T>T_c$　　　(b) $T<T_c$

図 11.3 マイスナー効果

らどの程度の深さのところまで流れるかは，1935年ロンドンによって古典論を用いて説明された．ここでは結果のみを示すが，超伝導体内部の磁束密度 $B(x)$ は次式で与えられる．

$$B(x) = B_0 \exp\left(-\frac{x}{\lambda_L}\right) \qquad (11.4)$$

ここで，B_0 は超伝導体表面の磁束密度，λ_L は**ロンドンの侵入距離**とよばれるパラメータである．これを図示すると，図 11.4 のようになる．磁束密度は，超伝導体の表面から λ_L の距離で急激に減衰する．λ_L の値は数百Å程度であるので，磁界はほとんど表面にしか存在しない．

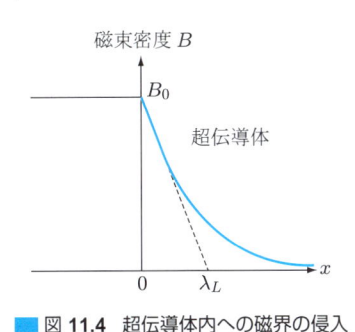

図 11.4 超伝導体内への磁界の侵入

11.2　超伝導の原因

常伝導状態と超伝導状態との基本的な相違は，電子状態の相違にある．常伝導状態では，伝導電子は1つの量子状態に1個以上の粒子が占有できないというパウリの原

理に基づいて，フェルミ統計に従うフェルミ粒子となっている．これに対して超伝導状態では，伝導電子に引力が働き 2 個ずつ対を形成しボーズ粒子となっている．この電子対を，提唱者の名にちなんでクーパー対とよぶ．クーパー対を形成した電子は，1 つの量子状態に無限個の粒子が占有可能なボーズ・アインシュタイン統計に従う．ボーズ・アインシュタイン分布関数 $f_B(E)$ は次式で与えられる．

$$f_B(E) = \frac{1}{\exp\left(\dfrac{E - E_F}{k_B T}\right) - 1} \tag{11.5}$$

ここで，E_F はフェルミエネルギーである．式 (11.5) からわかるように，ボーズ・アインシュタイン分布では $E \to E_F$ で f_B は無限大となる．したがって，ボーズ・アインシュタイン統計に従う粒子は，$|E - E_F| \leqq k_B T$ で著しい凝縮が起こる．これをボーズ凝縮とよぶ．すなわち，超伝導状態では最低エネルギー準位に大量の粒子が落ち込んだボーズ凝縮の状態となるため，マクロな量子効果を引き起こす．

本来フェルミ粒子である電子がボーズ粒子である電子対を形成する機構は，フレーリッヒによって次のように説明された．金属中を運動する電子 (電子 1) は，図 11.5 に示すように，自分のまわりの金属イオンを引き寄せ，局部的にイオン密度の高い領域を形成する．イオンは電子より重いので，電子 1 が過ぎ去った後でもその領域は正に帯電した形で残る．すると，ほかの電子 (電子 2) はこの領域に引き寄せられるので，結果的に電子 1 から引力を受けたことになる．この電子間引力がクーロン反発力よりも大きい場合には，全体として電子間に引力が働き，電子系のエネルギーが低下してより安定な状態を取ろうとする．

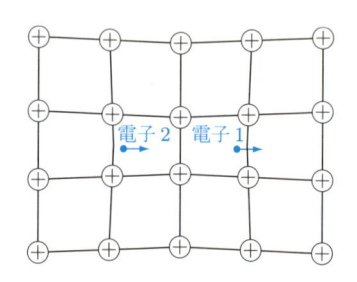

■ 図 11.5 結晶格子の歪みを媒介にした電子間引力相互作用

このため，フェルミ準位近傍では引力に相当する分のエネルギー低下が起こるので，エネルギー準位は存在しなくなる．すなわち，電子の状態密度は図 11.6 に示すように，$E = E_F$ 近傍に電子が存在できないエネルギーギャップが形成される．すなわち，常伝導状態でギャップ内にあった電子状態は超伝導状態では排除され，ギャップの両

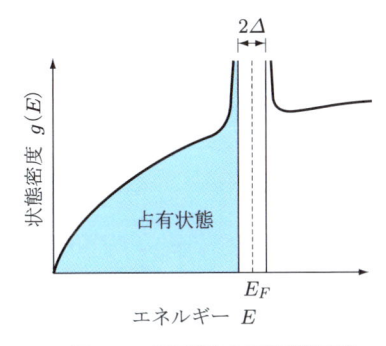

図 11.6 超伝導体の電子状態密度

端の状態密度が発散する準位に押し込められる．こうして，ボーズ粒子になった電子対は，ギャップの下の1つのエネルギー準位に無制限に収容されることになる．こうしたボーズ凝縮の状態では，すべての電子対は同一のエネルギーと同一の運動量を持ち，系全体としてマクロな量子として振る舞う．

ここで説明した定性的内容は，バーディーン，クーパー，シュリーファーによって量子論を用いて体系付けられ，**BCS 理論**として確立された．この BCS 理論によって，超伝導の基本的な性質は見事に解明された．さらに，さまざまな電磁気学的，熱力学的性質は，BCS 理論に裏付けられた **GLAG 理論** (Ginzburg-Landau-Abricosov-Gorkov 理論) によって説明されている．

11.3 超伝導材料と応用

11.3.1 超伝導材料

超伝導体は，印加磁界 H に対する磁化 M の変化によって，**第1種超伝導体**と**第2種超伝導体**の2種類に分けられる．第1種超伝導体とは，図 11.7(a) に示すように，磁界を高くしていくと臨界磁界 H_c で突然マイスナー効果が消失し $M=0$ となる超伝導体である．これに対して，図 11.7(b) に示すような反磁性応答を示す超伝導体もあり，これを第2種超伝導体という．下部臨界磁界 H_{c1} までは正常なマイスナー効果を示すが，H_{c1} 以上，上部臨界磁界 H_{c2} 以下の中間の磁界では，磁束線が部分的に侵入する．磁束線が侵入した部分は常伝導状態となるが，そのほかの部分は超伝導状態のままである．この状態を**混合状態**とよび，磁束の侵入した部分を**渦糸**とよぶ．印加磁界を増すとともに渦糸の本数も増し，上部臨界磁界では全領域が常伝導状態となる．

Pb，Sn，Al などの超伝導を示す純粋金属の大部分は，第1種超伝導体である．ま

(a) 第1種超伝導体　　(b) 第2種超伝導体

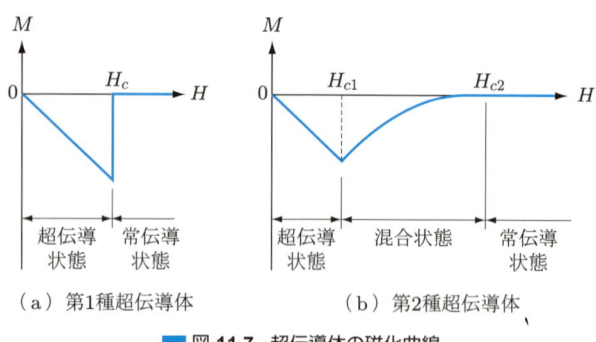

■ 図 11.7　超伝導体の磁化曲線

た，NbTi などの合金や，Nb$_3$Ge，Nb$_3$Al などの化合物は第 2 種超伝導体である．第 1 種超伝導体では，0 [K] の臨界磁界 H_c は Pb で 0.08 [T]，Sn で 0.03 [T]，Al で 0.01 [T] と一般に低い．このため，超伝導状態でこれらの物質に電流を流すと，この電流による磁界のために外部から磁界を印加しなくても超伝導状態は消失してしまう．これに対して，第 2 種超伝導体の 4.2 [K] における上部臨界磁界 H_{c2} は Nb$_3$Ge で 37 [T]，Nb$_3$Al で 32 [T] ときわめて高い．このため，大きな電流を流すことができるので超強磁界を発生できる．したがって，工業的な利用には主に第 2 種超伝導体が用いられる．

11.3.2　超伝導送電

　超伝導体を用いれば電流を流してもエネルギー損失が起こらないため，応用としてはまず超伝導送電が考えられる．第 2 種超伝導体では，H_{c1} 以上では磁束が内部に侵入しているため，交流電流を流すと電流方向の変化に対して磁束線が再配列する必要があるので，磁束線の移動に伴うエネルギー損失がある．この交流損が小さい材料として，現在，Nb$_3$Sn，V$_3$Ga などを用いて交流電流送電用としての線材が実用化されている．これらの材料では，4.2 [K] における臨界磁界は 10～20 [T] であり，このときの臨界電流密度は 10^5 [A/cm^2] 程度である．現在では，さらに高い臨界温度，臨界磁界を示す Nb$_3$Ge，Nb$_3$Al などの材料で，線材化に向けての努力が続けられている．

11.3.3　超伝導マグネット

　超伝導体では，電気抵抗が 0 であるので，線材にしてコイルを作れば大電流を流すことができ，電力損失なしに高磁界を発生することができる．この超伝導マグネットは，小型のものでは種々の物性研究用装置，核磁気共鳴 (NMR) 分析装置，高分解能電子顕微鏡などに用いられている．

　また，直径 1 [m] 程度のものは，MRI 断層映像装置，リニアモーターカー，磁気分

離装置，半導体単結晶育成装置などに用いられる．MRI 断層装置は，生体内のプロトンの分布を通して有機組織の断層映像が得られるため，X 線断層装置に代わる新しい医療診断装置として重要視されている．また，リニアモーターカーは，超伝導マグネットの強い磁界で列車を浮上させ，リニアモーターによって駆動する．すでに時速 500 [km] 以上の高速が得られているほか，騒音が少なく，走行中の電力供給の必要がないなどの特長を持つ．

さらに，直径数 m 以上の大口径の超伝導マグネットは，核融合装置，超伝導発電機，エネルギー貯蔵装置，大型粒子加速器などに用いられている．核融合装置では，重水素あるいは三重水素のような軽い原子核を衝突させてヘリウムを生成し，そのときに放出されるエネルギーを利用する．核融合反応を起こさせるためには，原子を 1 億度以上の超高温に加熱して原子核と電子のプラズマ状態にする必要があり，このプラズマを一定の空間内に閉じ込めるために強磁界が必要となる．この強磁界の発生には超伝導マグネットの利用が不可欠である．また，大型の粒子加速器は，電子・陽子などを高速度で運動させ衝突させて素粒子の反応を見るものであり，高エネルギー物理学の研究に用いられている．この装置は，直径数 km にも及ぶ加速器リングからなり，粒子の衝突エネルギーを 1 [TeV] 以上にも上げることができる．現在，物質の基本構成粒子であるクォークの解明に向け，活発な研究がつづけられている．

11.3.4 ジョセフソン効果

ジョセフソン効果は，1962 年ジョセフソンによって BCS 理論をもとにして提唱された．図 11.8(a) に示すように，2 つの超伝導体を 10 [Å] 程度の薄い絶縁層で分離すると，電圧を印加しなくても直流電流が観測される．すなわち，電流-電圧特性は図 11.8(b) のようになる．これを，直流ジョセフソン効果という．この効果は，2 つの超伝導体中の電子の波動関数の位相が，超伝導体間の弱い結合により互いに独立では

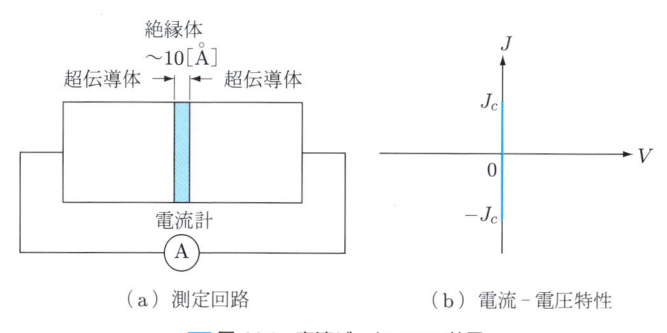

(a) 測定回路　　　　(b) 電流-電圧特性

図 11.8 直流ジョセフソン効果

なくなり，一定の位相差を持つため，干渉効果によって超伝導電子の透過確率がきわめて大きくなることによる．直流ジョセフソン効果による電流密度 J は，波動関数の位相差を δ とすると次式で与えられる．

$$J = J_c \sin \delta \tag{11.6}$$

ここで，J_c をジョセフソンの**臨界電流密度**とよぶ．すなわち，印加電圧が 0 でも位相差 δ の値に応じて $-J_c \sim J_c$ の直流電流が発生する．

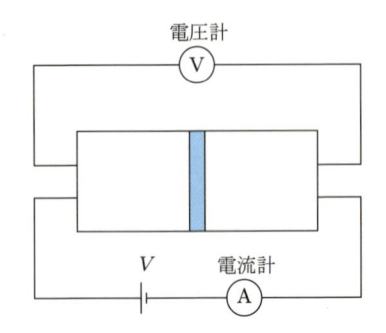

■ 図 **11.9** 交流ジョセフソン効果の測定回路

また，図 11.9 に示すように，この構造に直流電圧を印加すると，交流電流が発生する．これを**交流ジョセフソン効果**とよぶ．これは，直流電圧 V を印加すると，波動関数の位相差 δ は一定値を保てず，次式で表されるように時間的に変化するためである．

$$\frac{d\delta}{dt} = \frac{2qV}{\hbar} \tag{11.7}$$

このとき，初期位相を δ_0 とすると電流密度 J は，

$$J = J_c \sin\left(\frac{2qV}{\hbar}t + \delta_0\right) \tag{11.8}$$

となる．すなわち，直流電圧 V を印加した場合に発生する交流電流の角周波数 ω は，

$$\omega = \frac{2qV}{\hbar} \tag{11.9}$$

で与えられる．式 (11.9) から，角周波数 ω と電圧 V の関係は物理定数で決定され，物質には依存しない．したがって，周波数を精度よく決定できれば電圧も同じく正確に決定できるので，交流ジョセフソン効果は電圧標準器に用いられている．1 [μV] の直流電圧は，483.6 [MHz] の周波数に相当する．

以上まとめると，ジョセフソン効果の電流-電圧特性は図 11.10 のようになる．電圧が $2\Delta/q$ を越えると，トンネル電流が流れる．ここで，2Δ は図 11.6 に示した超伝導体固有のエネルギーギャップである．交流ジョセフソン電流は，直流特性を示す図

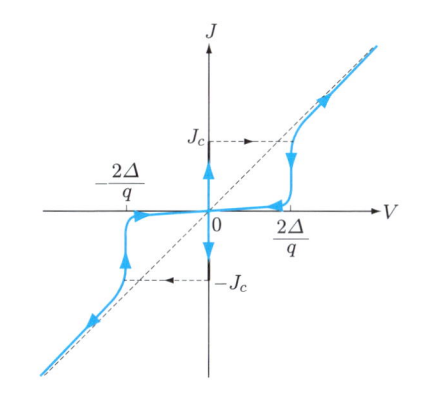

図 11.10 ジョセフソン効果の電流–電圧特性

11.10 では積分されて消えるため，$0 < V < 2\Delta/q$ の範囲では電流は観測されない．$V = 0$ で直流ジョセフソン電流が流れ，$V = 2\Delta/q$ に達すると，トンネル電流が流れ始める．ここで電圧を下げると，図に矢印で示したように，トンネル電流が減少し，原点に戻る．すなわち，電流-電圧特性は**ヒステリシス特性**を示す．

このジョセフソン効果を応用すると，ごく微小な磁場を測定することができる．これを**超伝導量子干渉計 (SQUID)** とよぶ．これは，超伝導電子の位相が磁界に依存することを利用したものである．SQUID は，医療診断に有用な心磁図や脳磁図を取ったり，地質調査，電波天文学などに超精密計測装置として実用化されている．

また，トンネル接合型ジョセフソン素子は，高速ディジタル回路へ応用可能である．超伝導体のエネルギーギャップは 1 [meV] 程度と，半導体のエネルギーギャップ (1 [eV] 程度) に比べ，約 3 桁も小さい．このため，このエネルギーギャップを利用したスイッチング素子では，消費電力がトランジスタより 3 桁以上も小さくなる．さらに，図 11.10 の電流-電圧特性において，ゼロ電圧状態から有限電圧状態への遷移はトンネル効果であるため，サブピコ秒の高速動作が可能である．したがって，高速かつ低消費電力の電子デバイスとしての応用が期待されている．

11.4 高温超伝導体

1986 年，ドイツのベドノルツとミュラーは La-Ba-Cu-O 系で 30 [K] 近傍から抵抗が減り始め，10 [K] 付近で完全に 0 になることを見出し，9 月に学会誌に発表した．この論文に接した日本の田中らの研究グループが追試を行い，この抵抗の減少が超伝導に伴うものであることを確認した．これらの研究が刺激となり，**高温超伝導体** (または**酸化物超伝導体**) に世界中の注目が集まり，いわゆる超伝導フィーバーを巻き起

こした．

図 11.11 に示す超伝導臨界温度 T_c の記録を見ると，このときまでは 1973 年に発見された Nb_3Ge の 23.2 [K] が最高であり，1911 年の Hg における超伝導の発見からは，10 年で 3 [K] の割合でしか改善されていなかった．それが，La-Ba-Cu-O 系の超伝導の発見を契機にして，わずか 1〜2 年の間に一挙に飛躍的な上昇を遂げた．1987 年には Y-Ba-Cu-O 系で 90 [K]，また 1988 年には Bi-Sr-Ca-Cu-O 系で 110 [K]，Tl-Ba-Ca-Cu-O 系で 125 [K] の臨界温度が報告されている．1993 年末現在における臨界温度の最高値は，Hg-Ba-Ca-Cu-O 系で常圧において 136 [K] である．

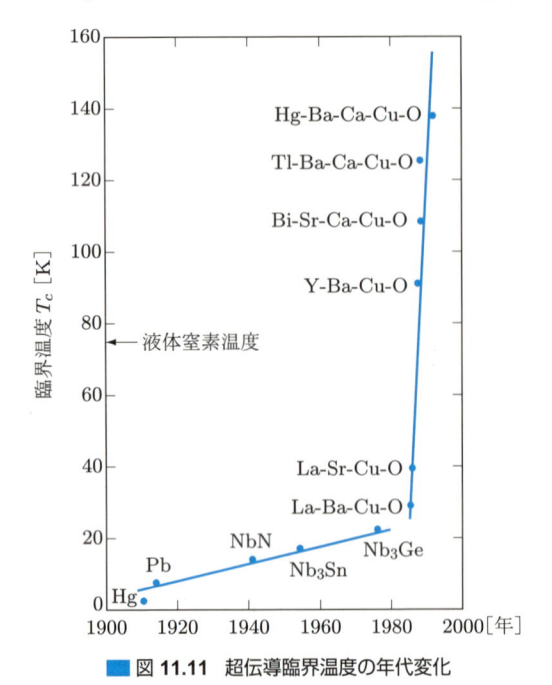

■ 図 11.11 超伝導臨界温度の年代変化

従来の超伝導材料は，液体ヘリウム (4.2 [K]) 中で使用しなければならないが，高温超伝導体は液体窒素 (77 [K]) 中での使用が可能である．ヘリウムガスは，北米大陸などの限られた地域にしか産出しないため，資源的な問題があり，コストも高い．液体窒素にはこのような難点がないため，高温超伝導体が実用化されれば，超伝導の利用範囲が大きく広がると予想される．

これらの高温超伝導体の基本構造は，図 11.12 に示すように，Cu 原子を中心としてそのまわりを O 原子が取り囲んだ正八面体構造である（この構造はあくまでも基本であり，さまざまなバリエーションが存在する）．この基本構造が図に示した x-y 平面方向に広がっている．z 方向には，この Cu-O 平面と La や Ba などの金属原子が作る

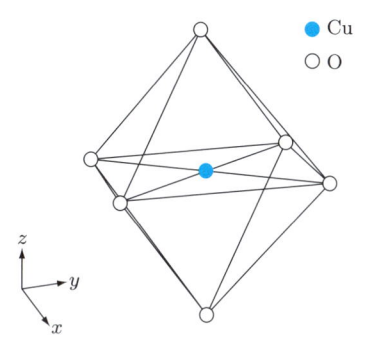

■ 図 11.12　高温超伝導体の基本構造

平面が交互に周期的に並んでいる．これらの金属原子は Cu-O 平面にキャリアを供給する．そして，Cu-O 平面内でのキャリアの輸送が超伝導電流に寄与しているものと考えられている．このように，高温超伝導体は準 2 次元性物質であり，電気的・磁気的な性質において異方性を持つ．

この高温超伝導は，従来の BCS 理論では説明できない．BCS 理論によると，超伝導の臨界温度 T_c は次式で与えられる．

$$T_c = 1.14 \Theta_D \exp\left(-\frac{1}{N(0)V}\right) \quad (11.10)$$

ここで，Θ_D は第 3 章で述べたデバイの特性温度，$N(0)$ はフェルミ準位における状態密度，V は電子-格子相互作用ポテンシャルである．この式によると，$N(0)$ と V の積が大きい物質では臨界温度が高くなると期待できる．しかし，この積がある値を越えて大きくなると，格子振動に対する電子の効果が大きくなり，格子振動のエネルギーが下がって逆に T_c が低下してしまうし，場合によっては結晶変態をもたらしてしまう．このため BCS 理論によれば，電子-格子相互作用による限り，30～40 [K] が限界であると考えられていた．そこで，BCS 理論に代わるさまざまな理論が提案されているが，現時点ではどの理論が正しいのかは明らかになっていない．

演習問題 11

1. Nb_3Ge の 4.2 [K] における上部臨界磁界 H_{c2} は 37 [T] であり，臨界温度 T_c は 23.9 [K] である．このとき，10 [K] における上部臨界磁界 H_{c2} を求めよ．
2. 交流ジョセフソン効果を用いて 10 [GHz] のマイクロ波を発生させるために必要な直流電圧 V を求めよ．

第12章

固体の量子効果

近年，金属，半導体などの単結晶薄膜の成長技術が進展した結果，複雑な構造が形成できるようになった．この結果，これらのさまざまな構造において電子の量子力学的な波動性が目に見える形で現れてきた．そして，従来の物質には見られない物性と機能性を持った新物質を人工的に製作することが可能となった．これらの人工量子構造に関する研究は日進月歩で進んでおり，発表論文もおびただしい数に達している．本章では，最も研究が進んでいる半導体を用いた量子構造について，簡単な説明を行う．

12.1 量子井戸構造

まず，GaAs 薄膜を AlGaAs 薄膜で両側から挟み込んだ構造を考える．2種類の異なった半導体の接合をヘテロ接合とよぶので，この構造はダブルヘテロ接合とよばれる．GaAs の方が AlGaAs よりバンドギャップが狭いので，このダブルヘテロ接合のバンド構造は模式的に描くと図 12.1 のようになる．

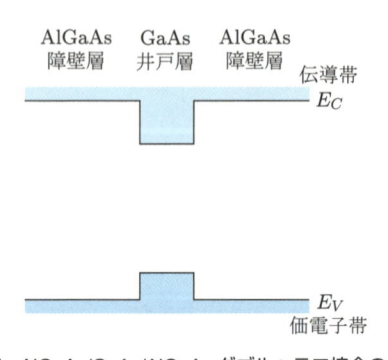

■ 図 12.1　AlGaAs/GaAs/AlGaAs ダブルヘテロ接合のバンド構造

この図より，GaAs 中の電子と正孔はいずれもエネルギーの高い AlGaAs の伝導帯または価電子帯には移れず，GaAs 中に閉じ込められていることがわかる．このとき，電子および正孔が閉じ込められている GaAs 層は，バンド構造から見てあたかも井戸

12.1 量子井戸構造

のようになっていることから井戸層とよぶ．また，AlGaAs 層を障壁層とよぶ．

このダブルヘテロ接合において，障壁層の厚さが十分に厚く，井戸層が電子のド・ブロイ波長以下に薄くなると，量子効果が現れる．すなわち，井戸層内の電子のエネルギー状態が，いままでの連続的な状態から離散的な状態に変化する．このような状態の井戸構造を量子井戸構造とよぶ．

井戸型ポテンシャル内の電子の状態を求めるには，シュレディンガー方程式を解けばよい．1次元井戸型ポテンシャルについては 5.4 節で述べたが，結果は式 (5.18)，(5.19) のようになる．これを図 12.2 に示すような 3 次元井戸型ポテンシャルに拡張することは容易である．すなわち，電子の波動関数 $\phi(x,y,z)$ および電子のエネルギー E は次のようになる．

$$\phi(x,y,z) = \sqrt{\frac{8}{L_x L_y L_z}} \sin\left(\frac{n_x \pi}{L_x} x\right) \sin\left(\frac{n_y \pi}{L_y} y\right) \sin\left(\frac{n_z \pi}{L_z} z\right) \quad (12.1)$$

$$E = \frac{\pi^2 \hbar^2}{2m^*} \left(\frac{n_x^2}{L_x^2} + \frac{n_y^2}{L_y^2} + \frac{n_z^2}{L_z^2}\right) \quad (12.2)$$

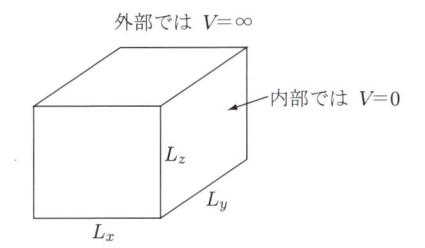

■ 図 12.2　3 次元井戸型ポテンシャル

ここで，m^* は井戸内の電子の有効質量，n_x, n_y, n_z はいずれも自然数である．

L_x，L_y，L_z の大きさの違いによって，3 次元井戸型ポテンシャルは図 12.3 に示すような 3 種類に分類される．図 12.3(a) は，L_z が L_x，L_y に比べて非常に小さく，量子効果の現れるサイズ (量子サイズ，100 [Å] 程度) である場合で，1 次元量子井戸とよばれる．1 次元量子井戸では，電子は z 方向にのみ閉じ込められており，x, y 方向には自由に動くことが可能である．また，図 12.3(b) は，L_y，L_z が量子サイズであり L_x はこれらに比べて大きい場合である．この場合には，電子は 2 つの方向で閉じ込められ残りの 1 方向にのみ自由に動けるので，2 次元量子井戸または量子細線とよばれる．さらに，図 12.3(c) は，L_x，L_y，L_z がともに量子サイズとなった場合である．この構造は 3 次元量子井戸または量子箱とよばれる．以下，これらの量子井戸構

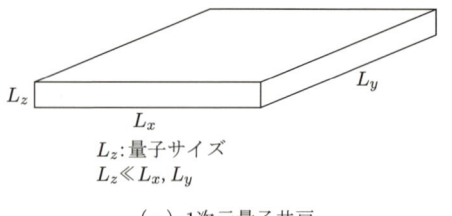

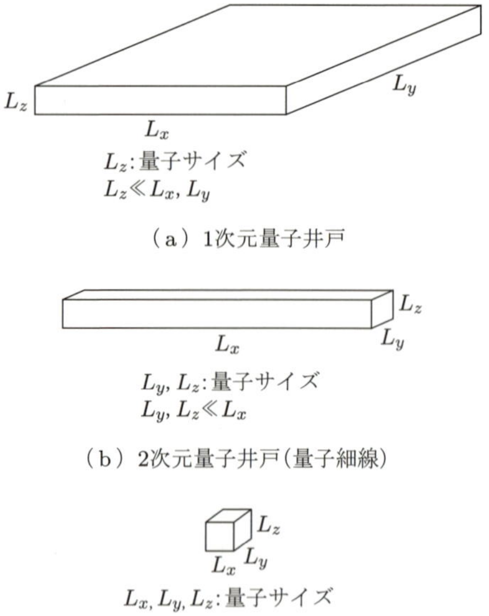

(a) 1次元量子井戸

L_z:量子サイズ
$L_z \ll L_x, L_y$

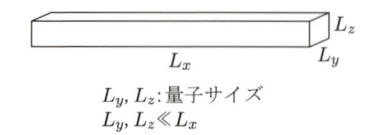

(b) 2次元量子井戸(量子細線)

L_y, L_z:量子サイズ
$L_y, L_z \ll L_x$

(c) 3次元量子井戸(量子箱)

L_x, L_y, L_z:量子サイズ

■ 図 **12.3** 量子井戸構造の分類

造のエネルギー準位および状態密度について説明する.

12.1.1 1次元量子井戸

1次元量子井戸構造を製作するには,たとえば図 12.1 に示した AlGaAs/GaAs/AlGaAs 構造を平面的に形成すればよい.このためには原子層のオーダーで平坦な単結晶薄膜を作製する必要があるが,この技術はさまざまな方法ですでに実現されており,製作は比較的容易である.

1次元量子井戸では, $L_z \ll L_x$, L_y であるが, $L_x = L_y = L$ とおいても一般性は失われない.この場合には,電子の取り得るエネルギー E は式 (12.2) より,

$$E = \frac{\pi^2 \hbar^2}{2m^*} \frac{n_x^2 + n_y^2}{L^2} + \frac{\pi^2 \hbar^2}{2m^*} \frac{n_z^2}{L_z^2} = E_{xy} + E_z \tag{12.3}$$

となる.ここで上式の E_{xy} と E_z を比較すると, n_x, n_y, n_z が同程度の大きさのときには $L_z \ll L$ であるので E_z の方が圧倒的に大きいことがわかる.いま, E_{xy} について n_x または n_y が1だけ異なるエネルギー状態間のエネルギー差を考えると, L がきわめて大きいためこの差は非常に小さくなる.すなわち, xy 平面内においては電子のエネルギーはほとんど連続であると考えてよい.これに対して,量子化された z 方向では,電子のエネルギーは E_z で表される離散的な値をとる.

式 (12.3) から，最低のエネルギー準位は $n_x = n_y = n_z = 1$ の場合である．また，次のエネルギー準位は $n_x = 2, n_y = n_z = 1$ または $n_y = 2, n_x = n_z = 1$ の場合である．このように次々と考えていけば，1次元量子井戸内での電子のとり得るエネルギー状態の数を数えることができる．いま，$n_z = 1$ に固定し，n_x, n_y の組み合わせを変化した場合のエネルギー状態の数を考える．

式 (12.3) から，$n_z = 1$ に対して等エネルギーを与える n_x, n_y の組み合わせは，

$$n_x^2 + n_y^2 = \frac{2m^* L^2}{\pi^2 \hbar^2} E_{xy} \tag{12.4}$$

を満たす (n_x, n_y) の組の数に等しい．ここで，n_x, n_y は正の整数であるので，(n_x, n_y) を2次元座標で表した円の面積の 1/4 が求める状態の数となる．したがって，電子のスピンを考慮すると E_{xy} に対する状態の数 N は次のようになる．

$$N = \frac{m^* L^2}{\pi \hbar^2} E_{xy} \tag{12.5}$$

いま，$n_z = 1$ に対する状態密度を $g_1(E)$ とすると，

$$\int g_1(E) dE = \frac{N}{L^2 L_z} \tag{12.6}$$

であるので，上式の右辺の N に式 (12.5) と $E_{xy} = E - E_{(z=1)}$ を代入して E で微分すると，$g_1(E)$ は次のように求められる．

$$g_1(E) = \frac{m^*}{\pi \hbar^2 L_z} \tag{12.7}$$

$n_z = 2, 3, \cdots$ の場合も同様にして計算すれば，1次元量子井戸内の電子の状態密度 $g(E)$ が求められる．図 12.4 にこの状態密度 $g(E)$ をエネルギー E の関数として示した．図中の点線は3次元結晶内の自由電子の状態密度である．自由電子の状態密度は式 (6.12) で与えられるように $E^{1/2}$ に比例するのに対して，1次元量子井戸内の電子の状態密度は階段状になるのが特徴である．

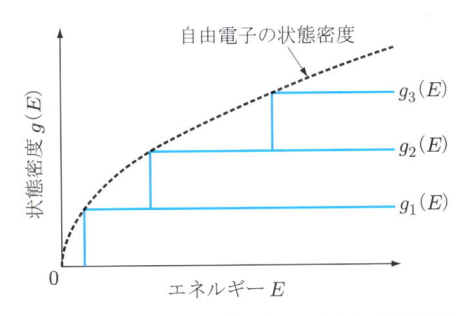

■ 図 12.4　1次元量子井戸内での電子の状態密度

12.1.2 2次元量子井戸 (量子細線)

図 12.3(b) に示すように，2次元量子井戸においては L_y と L_z が非常に小さく，量子効果が現れるようなサイズになっている．この構造は，現在では電子線リソグラフィや収束イオンビーム注入法のような微細加工技術や選択成長法などの進んだ技術を用いて試作されている．

$L_y = L_z = L$ と仮定すると，2次元量子井戸内の電子のエネルギーは，

$$E = \frac{\pi^2\hbar^2}{2m^*}\frac{n_x^2}{L_x^2} + \frac{\pi^2\hbar^2}{2m^*}\frac{n_y^2 + n_z^2}{L^2} = E_x + E_{yz} \qquad (12.8)$$

となる．ここで，前節で計算した方法と同様にして，各 (n_y, n_z) の組み合わせに対する状態密度 $g_{yz}(E)$ を求めると，

$$g_{yz}(E) = \frac{\sqrt{2m^*}}{\pi\hbar L^2}(E - E_{yz})^{-1/2} \qquad (12.9)$$

となる．式 (12.9) を図示すると，図 12.5 のようになる．この図から，2次元量子井戸に対する状態密度はあるエネルギー値 (E_{yz}) のところで急激に大きくなり，それ以外のところではきわめて小さくなることがわかる．これは，電子のエネルギー状態が y 方向および z 方向に量子化されていて離散的なエネルギー状態になっていることを反映している．図 12.5 の状態密度のピークのエネルギーがそれぞれの離散的なエネルギー準位に対応している．また，これ以外の部分でも，電子の占めることのできるエネルギー状態が小さいながらも連続的に存在することは，この電子が x 方向には自由に運動することができることに対応している．この状態密度より，量子細線においてはバルク結晶とは著しく異なった電気的または光学的特性が期待できる．

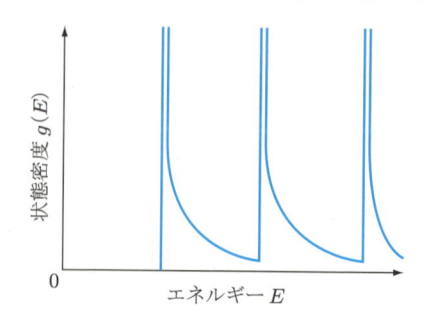

■ 図 12.5　2次元量子井戸内での電子の状態密度

12.1.3 3次元量子井戸 (量子箱)

3次元量子井戸においては，図 12.3(c) に示すように，L_x，L_y，L_z がともに量子サイズになっている．この場合には，電子は x，y，z どの方向にも井戸内に閉じ込めら

れている．この3次元量子井戸構造は前の2つに比べて製作が難しいが，選択成長法などを利用して製作が試みられている．

簡単化のために $L_x = L_y = L_z = L$ とおくと，3次元量子井戸内の電子のエネルギーは，

$$E = \frac{\pi^2 \hbar^2}{2m^* L^2}(n_x^2 + n_y^2 + n_z^2) \qquad (12.10)$$

となる．このとき，エネルギーは n_x, n_y, n_z の3つの量子数で表される完全に離散的な値をとる．そして，図 12.6 に示すように，それぞれの離散的エネルギー値に対する状態密度は無限大となる．

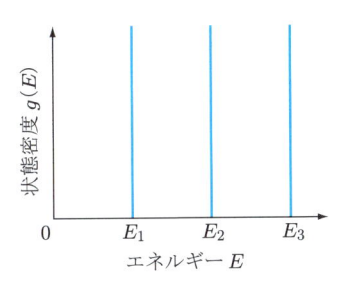

■ 図 12.6 3次元量子井戸内での電子の状態密度

以上の結果より，電子が閉じ込められる方向が増えるに従って，状態密度の幅が狭くなり，バルク結晶では見られない特異な電子構造が現れることがわかる．一般に，電子分布は状態密度とフェルミ・ディラック分布関数の積で表される．したがって，上で述べた1次元，2次元，3次元の量子井戸構造の順に電子分布の幅が狭くなるので，これらの物質を用いて半導体レーザなどを製作すると，バルクの材料よりも発光スペクトル幅がきわめて狭いデバイスを得ることができる．

12.2 超格子

量子効果が現れる程度の薄さの2種類の異なった半導体薄膜を何層も交互に重ね合わせた構造を超格子とよぶ．超格子は自然界には存在せず，まったくの人工結晶構造である．ここでは，半導体超格子の分類と電子構造について述べる．

12.2.1 超格子の分類

超格子を形成する2種類の半導体のバンドギャップと電子親和力 (伝導帯の底から真空中に電子を取り出すのに必要なエネルギー) により，半導体超格子は図 12.7 に示すようなタイプ I，II および III に分類される．

いま，2つの半導体のバンドギャップと電子親和力をそれぞれ E_{g1}, E_{g2} および ϕ_1, ϕ_2 とする．ここで，$\phi_1 > \phi_2$ で $\phi_1 + E_{g1} < \phi_2 + E_{g2}$ の場合には，図 12.7(a) の**タイプ I** のようなバンド構造になる．前に述べた GaAs/AlGaAs の組み合わせがこの代表的な例である．タイプ I の超格子では，電子・正孔ともにバンドギャップの小さい半導体，この例では GaAs 中に閉じ込められる．

また，$\phi_1 > \phi_2$ で $\phi_1 + E_{g1} > \phi_2 + E_{g2}$ の場合には，図 12.7(b) の**タイプ II** のようなバンド構造を示す．InGaAs/GaSbAs の組み合わせがこの構造の一例である．タイプ II の超格子では，電子の閉じ込められる層と正孔の閉じ込められる層が空間的に分離されている．したがって，各層が非常に薄く波動関数がポテンシャル障壁内に十分しみ込むようになると，実効的なバンドギャップは元の半導体のいずれよりも小さくなる．

さらに2つの半導体の電子親和力の差が大きくなり，$\phi_1 > \phi_2 + E_{g2}$ となると，図

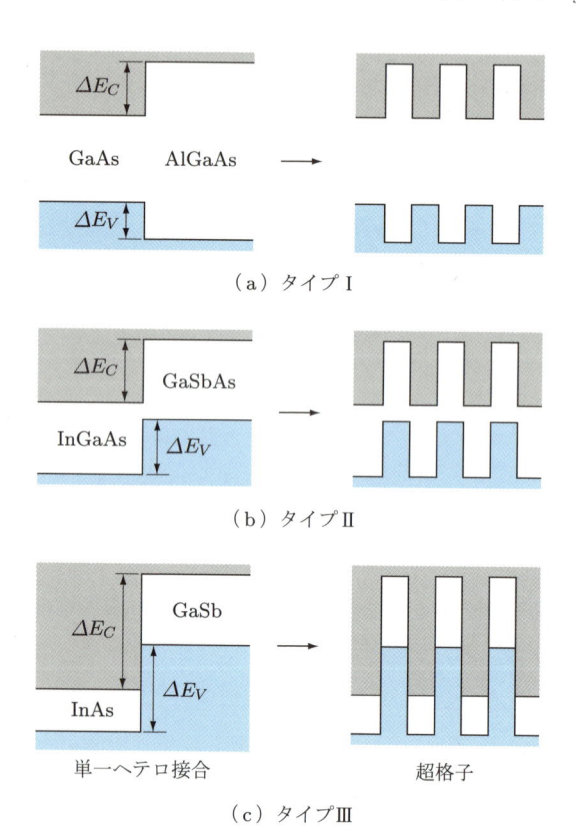

(a) タイプ I

(b) タイプ II

(c) タイプ III

■ **図 12.7** 超格子の分類．左側に単一ヘテロ接合，右側に超格子のバンド構造を示す

12.7(c) のようなタイプⅢのバンド構造を示すようになる．GaSb/InAs の組み合わせがこの代表的な例である．このタイプⅢの超格子では，バンドギャップは実効的に負となり，一方の伝導帯と他方の価電子帯がつながってしまう．これは半導体よりも半金属に近い状態である．

以上のうちでは，製作の容易さからタイプⅠの GaAs/AlGaAs 超格子が最もよく研究されており，すでに実際のデバイスにも応用されている．材料的には，Ⅲ-Ⅴ族化合物半導体から始まり，Ⅱ-Ⅵ族，Ⅳ族さらにはアモルファス系にまで及んでいる．また，これらの超格子を用いたことによる新しい機能としては，量子準位を用いた光学的なものから，2次元電子ガスを用いた電子的なもの，さらにはゾーン折り返し効果による間接遷移から直接遷移への転換など広い範囲に及んでいる．

12.2.2 超格子の電子構造

超格子の電子構造を調べるため，ここではタイプⅠの GaAs/AlGaAs 超格子の伝導帯のバンド構造について議論する．GaAs/AlGaAs 超格子は，図 12.8(a) に示すように，GaAs と AlGaAs の超薄膜を交互に積層した構造である．このため，GaAs 井戸層内の電子は GaAs 平面内では自由に動けるが，積層方向には量子化されているので，1次元の超格子構造であるといえる．

(a) GaAs/AlGaAs超格子 (b) 伝導帯の底のポテンシャル

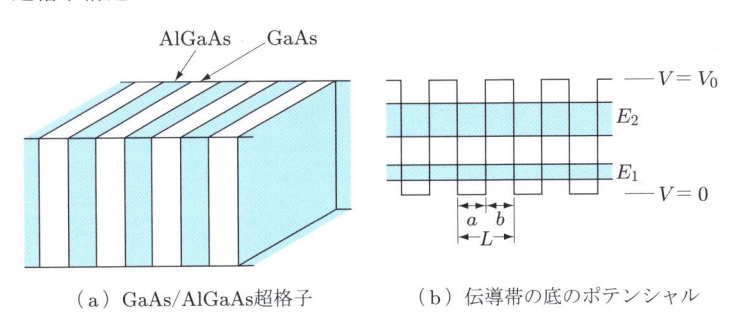

図 12.8　1次元超格子構造

この超格子の伝導帯の底のポテンシャルは，図 12.8(b) に示すように，周期的な矩形ポテンシャルである．このポテンシャルは，6.4 節で述べたクローニッヒ・ペニーモデルそのものである．6.4 節では，原子核が作る周期的なクーロンポテンシャルを近似するためにクローニッヒ・ペニーモデルを導入したが，超格子については近似ではなくて正確にこのモデルが適用できる．定性的に結論を述べると次のようになる．超格子を構成する井戸層と障壁層の厚さがいずれも十分に薄くなると，井戸層内の電子の波動関数が障壁層を通して隣の井戸層にしみ出す結果，離散的な量子準位が分裂して帯状となり，ミニバンドが形成される．図 12.8(b) に E_1 および E_2 で示したエネ

ルギーバンドがこのミニバンドである.

繰り返しになるのでここでは述べないが，クローニッヒ・ペニーモデルの解は式 (6.36) で与えられる. これを図示すると，エネルギー E と波数 k の関係は図 12.9(a) のようになる. 図に点線で示した放物線は，自由電子に対する E-k 関係である. この図より，ミニバンド E_1 および E_2 が出現することがわかる. 超格子の周期 L は結晶の周期 (格子定数) よりも大きいので，ミニバンド E_1 および E_2 は伝導帯内に形成されていることになる. すなわち，$k = n\pi/L$ ($n = \pm 1, \pm 2, \cdots$) に禁制帯が現れ，本来の単結晶のブリルアンゾーンがミニゾーンに分割される.

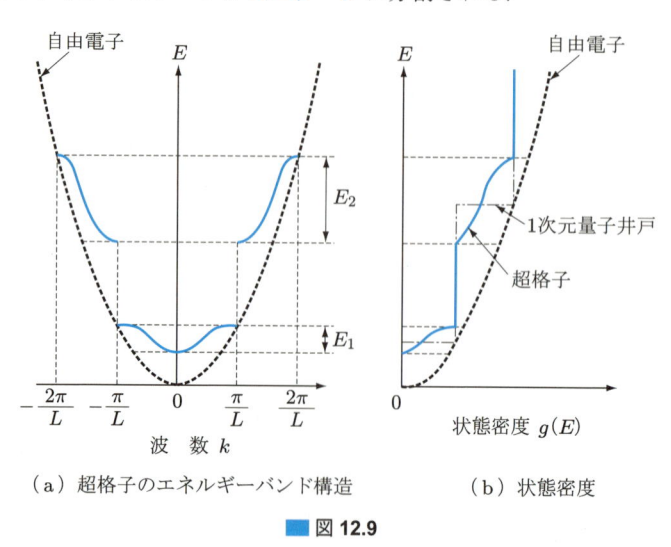

■ 図 12.9

(a) 超格子のエネルギーバンド構造　　(b) 状態密度

また, 超格子の状態密度は図 12.9(b) に示すようになる. この図には, 自由電子の状態密度を点線で, また 12.1.1 項で述べた 1 次元量子井戸の状態密度を一点鎖線で示す. この図を見ると, 1 次元量子井戸では階段型の状態密度になるのに対して, 超格子では井戸層内の電子の波動関数のしみ出しによって, ミニバンドが形成されている様子がよく分かる. また, 一見するとミニバンド以外のところは禁制帯となるので状態密度が 0 になると思われるが, 井戸層の平面方向には電子は自由に運動できるため, 有限の状態密度が存在する.

ミニゾーンの上部では E-k 関係が上に凸となっているため, 負の有効質量が現れる. このため, 電子が散乱されずにミニゾーンの端にまで達すると, ブラッグ反射を受けるので, 直流電圧を印加した場合には電流は正弦振動を示すものと予想される. これは, 6.5.2 項で述べたブロッホ振動である. 実際の結晶内では電子は散乱されてしまうためブロッホ振動は観測されないが, 超格子においては周期 L が大きいためミニ

ゾーンの幅は小さくなるので，ブロッホ振動が観測されている．しかし，実際には電子は散乱されてしまうので，この振動は短時間のうちに消えてしまい，一定電流が流れるようになる．さらに印加電圧を増加していくと，微分負性抵抗が現れる．この微分負性抵抗も実際に観測されている．

電界の強さを F とすると，ブロッホ振動の周期 T は，演習問題 6 の 2 より，

$$T = \frac{h}{qLF} \tag{12.11}$$

となる．よって，ブロッホ振動の周波数 ν は，

$$\nu = \frac{1}{T} = \frac{qLF}{h} \tag{12.12}$$

で与えられる．

演習問題 12

1. エネルギー 0.1 [eV]，有効質量 $m^* = 0.1 m_0$ の電子のド・ブロイ波長 λ を求めよ．
2. 周期 50 [Å] の超格子に 1×10^4 [V/cm] の電界を印加した場合に発生するブロッホ振動の周波数 ν を求めよ．

演習問題解答

第1章

1. (1) $x = a_h$, $y = b_k$, $z = c_l$ で各軸と交わる平面の方程式は

$$\frac{x}{a_h} + \frac{y}{b_k} + \frac{z}{c_l} = 1 \qquad ①$$

である．立方晶系では $a = b = c$ であるので

$$\frac{a}{a_h} : \frac{a}{b_k} : \frac{a}{c_l} = h : k : l \qquad ②$$

が成り立つ．よって，原点に最も近い $(h\ k\ l)$ 面は

$$hx + ky + lz = a \qquad ③$$

と表される．この平面の法線ベクトルは (h, k, l) であるので，$(h\ k\ l)$ 面は $[h\ k\ l]$ 方向と直交する．

(2) 平面③と原点との間の距離が求める d_{hkl} である．よって，

$$d_{hkl} = \frac{|-a|}{\sqrt{h^2 + k^2 + l^2}} = \frac{a}{\sqrt{h^2 + k^2 + l^2}}$$

2. (1) 単純立方格子では，一辺の長さ a の正方形において，a が原子半径 r の 2 倍に相当するから

$$\text{最近接原子間距離} = 2r = a$$

また，単純立方格子中には $\frac{1}{8} \times 8 = 1$ 個の原子が含まれるから

$$\text{空間充填率} = \frac{\frac{4}{3}\pi r^3}{a^3} = \frac{\frac{4}{3}\pi \left(\frac{a}{2}\right)^3}{a^3} = \frac{\pi}{6} = 0.524$$

(2) 体心立方格子においては，一辺の長さ a の立方体の対角線の長さが原子半径 r の 4 倍に相当するから

$$4r = \sqrt{a^2 + a^2 + a^2} = \sqrt{3}a$$

よって，最近接原子間距離は

$$2r = \frac{\sqrt{3}}{2}a = 0.866a$$

また，体心立方格子中には 2 個の原子が含まれるから

$$\text{空間充填率} = \frac{2 \times \dfrac{4}{3}\pi r^3}{a^3} = \frac{2 \times \dfrac{4}{3}\pi \left(\dfrac{\sqrt{3}}{4}a\right)^3}{a^3}$$
$$= \frac{\sqrt{3}}{8}\pi = 0.680$$

(3) 面心立方格子においては，一辺の長さ a の正方形の対角線の長さが原子半径 r の 4 倍に相当するから

$$4r = \sqrt{2}a$$

よって，最近接原子間距離は

$$2r = \frac{\sqrt{2}}{2}a = 0.707a$$

また，面心立方格子中には 4 個の原子が含まれるから

$$\text{空間充填率} = \frac{4 \times \dfrac{4}{3}\pi r^3}{a^3} = \frac{4 \times \dfrac{4}{3}\pi \left(\dfrac{\sqrt{2}}{4}a\right)^3}{a^3} = \frac{\sqrt{2}}{6}\pi = 0.740$$

3. 六方最密構造においては，一辺の長さ a の正四面体の高さ h の 2 倍が格子定数 c に相当する．原子半径を r とすると，三平方の定理より

$$h^2 = (2r)^2 - \left(\frac{2}{3}\sqrt{3}r\right)^2 = \frac{8}{3}r^2$$

$$\therefore \quad h = \sqrt{\frac{8}{3}}r$$

よって，

$$\frac{c}{a} = \frac{2h}{2r} = \frac{h}{r} = \sqrt{\frac{8}{3}}$$

また，単位格子である一辺の長さ a，頂角 60° のひし形を底とする直角柱の体積は

$$a \times \frac{\sqrt{3}}{2}a \times c = \frac{\sqrt{3}}{2} \times \sqrt{\frac{8}{3}}a^3 = \sqrt{2}a^3 = \sqrt{2}(2r)^3 = 8\sqrt{2}r^3$$

この単位格子中には 2 個の原子が含まれるから

$$\text{空間充填率} = \frac{2 \times \dfrac{4}{3}\pi r^3}{8\sqrt{2}r^3} = \frac{\sqrt{2}}{6}\pi = 0.740$$

4. (1) $N = \dfrac{1}{8} \times 8 + \dfrac{1}{2} \times 6 + 4 = 8$ [個]

(2) $n = \dfrac{8}{(5.43 \times 10^{-8})^3} = 5.00 \times 10^{22}$ [cm^{-3}]

(3) $\rho = 28.1 \times \dfrac{5.00 \times 10^{22}}{6.02 \times 10^{23}} = 2.33$ [g/cm^3]

第 2 章

1. 式 (2.18) より

$$(2b - M\omega^2)(2b - m\omega^2) - b^2[1 + \exp(-ika)][1 + \exp(ika)] = 0$$

$$Mm\omega^4 - 2b(M+m)\omega^2 + 4b^2 - b^2[1 + \exp(ika) + \exp(-ika) + 1] = 0$$

$$Mm\omega^4 - 2b(M+m)\omega^2 + 4b^2 - b^2[2 + 2\cos(ka)] = 0$$

$$Mm\omega^4 - 2b(M+m)\omega^2 + b^2\left[2 - 2\left(1 - 2\sin^2\frac{ka}{2}\right)\right] = 0$$

$$Mm\omega^4 - 2b(M+m)\omega^2 + 4b^2\sin^2\frac{ka}{2} = 0$$

2 次方程式の解の公式より

$$\omega^2 = \frac{1}{Mm}\left[b(M+m) \pm \sqrt{b^2(M+m)^2 - Mm4b^2\sin^2\frac{ka}{2}}\right]$$

$$= b\left(\frac{1}{M} + \frac{1}{m}\right) \pm b\sqrt{\left(\frac{1}{M} + \frac{1}{m}\right)^2 - \frac{4}{Mm}\sin^2\frac{ka}{2}}$$

2. (a) $k = 0$ のとき，式 (2.16) より

$$-\omega^2 MB = 2bA - 2bB \qquad ①$$

光学モードにおいては，式 (2.20) より

$$\omega = \omega_+ = \sqrt{2b\left(\frac{1}{M} + \frac{1}{m}\right)}$$

であるから式①は

$$-2b\left(\frac{1}{M} + \frac{1}{m}\right)MB = 2bA - 2bM$$

$$-\left(1 + \frac{M}{m}\right)B = A - B$$

$$\therefore \quad \frac{B}{A} = -\frac{m}{M}$$

また，音響モードにおいては，式 (2.21) より

$$\omega = \omega_- = 0$$

であるから式①は

$$0 = 2bA - 2bB$$

$$\therefore \quad A = B$$

よって，それぞれの原子の変位は，図解 **2.1(a)** のようになる．

(b) $k = \dfrac{\pi}{a}$ のとき，

$$\exp(ika) = \exp(-ika) = \cos\pi = -1$$

であるから，式 (2.16) は

$$-\omega^2 MB = -2bB$$
$$\therefore \quad 2bB = \omega^2 MB \tag{②}$$

式 (2.17) は

$$-\omega^2 mA = -2bA$$
$$\therefore \quad 2bA = \omega^2 mA \tag{③}$$

光学モードにおいては，式 (2.24) より

$$\omega = \omega_+ = \sqrt{\frac{2b}{m}}$$

であるから式②は

$$B = \frac{M}{m}B$$

ここで，$M > m$ であるから $B = 0$

さらに，式 (2.14) より，$u_n = A\exp[i(\pi n - \omega_+ t)]$ であるから，質量 m の原子は平衡位置に対して交互に変位する．

一方，音響モードにおいては，式 (2.25) より

$$\omega = \omega_- = \sqrt{\frac{2b}{M}}$$

であるから式③は

$$A = \frac{m}{M}A$$

ここでも $M > m$ であるから $A = 0$

さらに，式 (2.15) より，$U_n = B\exp[i(\pi n - \omega_- t)]$ であるから，質量 M の原子は平衡位置に対して交互に変位する．

以上より，それぞれの原子の変位は，図解 2.1(b) のようになる．

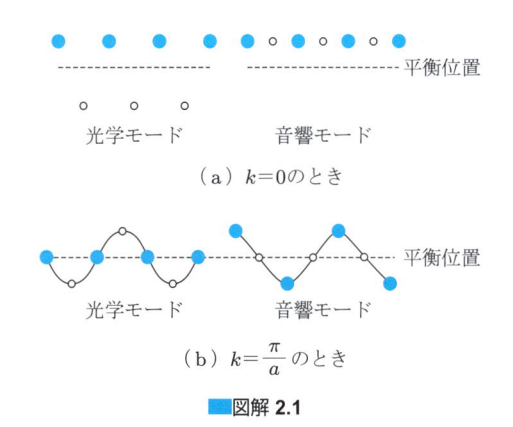

（a）$k=0$ のとき

（b）$k=\dfrac{\pi}{a}$ のとき

■図解 2.1

第 3 章

1. $\Theta_E = \dfrac{\hbar\omega_0}{k_B} = \dfrac{h\nu_0}{k_B} = \dfrac{6.63 \times 10^{-34} \times 5 \times 10^{12}}{1.38 \times 10^{-23}} = 240$ [K]

   (1) $x = \dfrac{\Theta_E}{T} = \dfrac{240}{4.2} = 57.1$

   $C_V = 3Rx^2 \dfrac{e^x}{(e^x-1)^2} = 5.96 \times 57.1^2 \times \dfrac{e^{57.1}}{(e^{57.1}-1)^2}$
   $= 3.09 \times 10^{-21}$ [cal/mol/K]

   (2) $x = \dfrac{\Theta_E}{T} = 3.12$

   $C_V = 5.96 \times 3.12^2 \times \dfrac{e^{3.12}}{(e^{3.12}-1)^2} = 2.80$ [cal/mol/K]

   (3) $x = \dfrac{\Theta_E}{T} = 0.8$

   $C_V = 5.96 \times 0.8^2 \times \dfrac{e^{0.8}}{(e^{0.8}-1)^2} = 5.65$ [cal/mol/K]

2. $C_V = 464.5 \left(\dfrac{T}{\Theta_E}\right)^3 = 464.5 \left(\dfrac{4.2}{321}\right)^3 = 1.04 \times 10^{-3}$ [cal/mol/K]

第 4 章

1. $\sigma = qn\mu = 1.6 \times 10^{-19} \times 2.5 \times 10^{22} \times 55 = 2.20 \times 10^5$ [S/cm]

   $\rho = \dfrac{1}{\sigma} = \dfrac{1}{2.2 \times 10^5} = 4.55 \times 10^{-6}$ [Ωcm]

   $\tau = \dfrac{m\mu}{q} = \dfrac{9.1 \times 10^{-31} \times 55 \times 10^{-4}}{1.6 \times 10^{-19}} = 3.13 \times 10^{-14}$ [s]

2. $J = \dfrac{F}{\rho} = \dfrac{0.01}{1.72 \times 10^{-6}} = 5.81 \times 10^3$ [A/cm^2]

   $v_d = \dfrac{J}{qn} = \dfrac{5.81 \times 10^3}{1.6 \times 10^{-19} \times 8.5 \times 10^{22}} = 0.427$ [cm/s]

   $\mu = \dfrac{v_d}{F} = \dfrac{0.427}{0.01} = 42.7$ [cm^2/Vs]

   $\tau = \dfrac{m\mu}{q} = \dfrac{9.1 \times 10^{-31} \times 42.7 \times 10^{-4}}{1.6 \times 10^{-19}} = 2.43 \times 10^{-14}$ [s]

第 5 章

1. 光の場合

   $$E = h\nu = \dfrac{hc}{\lambda} = \dfrac{hck}{2\pi} = \hbar c k$$

   自由電子の場合

   $$E = \dfrac{p^2}{2m} = \dfrac{\hbar^2 k^2}{2m}$$

2. (1) $\nu = \dfrac{E}{h} = \dfrac{1.6 \times 10^{-19}}{6.63 \times 10^{-34}} = 2.41 \times 10^{14}$ [Hz]

$k = \dfrac{E}{\hbar c} = \dfrac{1.6 \times 10^{-19}}{1.05 \times 10^{-34} \times 3 \times 10^8} = 5.08 \times 10^6$ [m^{-1}] $= 5.08 \times 10^4$ [cm^{-1}]

$\lambda = \dfrac{2\pi}{k} = \dfrac{2\pi}{5.08 \times 10^6} = 1.24 \times 10^{-6}$ [m] $= 1.24 \times 10^4$ [Å]

(2) $\nu = 2.41 \times 10^{14}$ [Hz]

$k = \dfrac{\sqrt{2mE}}{\hbar} = \dfrac{\sqrt{2 \times 9.1 \times 10^{-31} \times 1.6 \times 10^{-19}}}{1.05 \times 10^{-34}}$

$= 5.14 \times 10^9$ [m^{-1}] $= 5.14 \times 10^7$ [cm^{-1}]

$\lambda = \dfrac{2\pi}{k} = \dfrac{2\pi}{5.14 \times 10^9} = 1.22 \times 10^{-9}$ [m] $= 12.2$ [Å]

(3) $\dfrac{E}{\hbar c} = \dfrac{\sqrt{2mE}}{\hbar}$

$\therefore E = 2mc^2 = 2 \times 9.1 \times 10^{-31} \times (3 \times 10^8)^2$

$= 1.64 \times 10^{-13}$ [J] $= 1.03 \times 10^6$ [eV]

3. 井戸幅 $L = 10$ [Å] の場合, 式 (5.19) で $n = 1$ とおくと,

$E_1 = \dfrac{\pi^2 \hbar^2}{2mL^2} = \dfrac{\pi^2 \times (1.05 \times 10^{-34})^2}{2 \times 9.1 \times 10^{-31} \times (10 \times 10^{-10})^2}$

$= \dfrac{\pi^2 \times 1.05^2 \times 10^{-68}}{2 \times 9.1 \times 10^{-49}} = 5.98 \times 10^{-20}$ [J] $= 0.374$ [eV]

$L = 100$ [Å] の場合は, 同様にして,

$E_1 = \dfrac{\pi^2 \times 1.05^2}{2 \times 9.1} \times 10^{-21} = 5.98 \times 10^{-22}$ [J] $= 0.00374$ [eV]

第6章

1. $E_F = \dfrac{\hbar^2}{2m}(3\pi^2 n)^{2/3} = \dfrac{(1.05 \times 10^{-34})^2}{2 \times 9.11 \times 10^{-31}}(3\pi^2 \times 5.9 \times 10^{28})^{2/3}$

$= 8.78 \times 10^{-19}$ [J] $= 5.49$ [eV]

$k_F = \dfrac{\sqrt{2mE_F}}{\hbar} = \dfrac{\sqrt{2 \times 9.11 \times 10^{-31} \times 8.78 \times 10^{-19}}}{1.05 \times 10^{-34}}$

$= 1.20 \times 10^{10}$ [m^{-1}] $= 1.20 \times 10^8$ [cm^{-1}]

$v_F = \dfrac{\hbar^2 k_F}{m} = \dfrac{1.05 \times 10^{-34} \times 1.2 \times 10^{10}}{9.11 \times 10^{-31}} = 1.38 \times 10^6$ [m/s] $= 1.38 \times 10^8$ [cm/s]

$T_F = \dfrac{E_F}{k_B} = \dfrac{8.78 \times 10^{-19}}{1.38 \times 10^{-23}} = 6.36 \times 10^4$ [K]

2. $\dfrac{dk}{dt} = -\dfrac{q}{\hbar}F$ より

$\displaystyle\int_{-\pi/L}^{\pi/L} dk = \dfrac{q}{\hbar} F \int_0^T dt$

$$\therefore \quad \frac{2\pi}{L} = \frac{q}{\hbar}FT$$
$$\therefore \quad T = \frac{2\pi\hbar}{qLF} = \frac{h}{qLF}$$

3. (1) $E_C = \dfrac{2\hbar^2}{m_0}\left(k^2 - k_1 k + \dfrac{5}{12}k_1^2\right)$

$= \dfrac{2\hbar^2}{m_0}\left[\left(k - \dfrac{k_1}{2}\right)^2 - \dfrac{k_1^2}{4} + \dfrac{5}{12}k_1^2\right]$

$= \dfrac{2\hbar^2}{m_0}\left[\left(k - \dfrac{k_1}{2}\right)^2 + \dfrac{1}{6}k_1^2\right]$

$= \dfrac{2\hbar^2}{m_0}\left(k - \dfrac{k_1}{2}\right)^2 + \dfrac{\hbar^2 k_1^2}{3m_0}$

より 図解 6.1

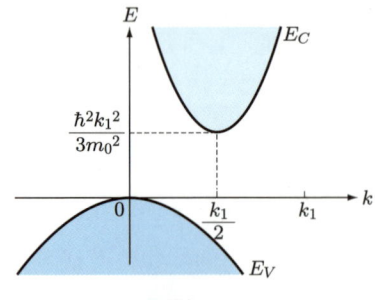

■図解 6.1

(2) $E_g = \dfrac{\hbar^2 k_1^2}{3m_0}$

(3) $\dfrac{dE_C}{dk} = \dfrac{2\hbar^2}{m_0}(2k - k_1)$

$\dfrac{d^2 E_C}{dk^2} = \dfrac{4\hbar^2}{m_0}$

$\therefore \quad m_e^* = \dfrac{\hbar^2}{\dfrac{d^2 E_C}{dk^2}} = \dfrac{\hbar^2}{\dfrac{4\hbar^2}{m_0}} = \dfrac{m_0}{4}$

(4) $\dfrac{dE_V}{dk} = -\dfrac{4\hbar^2}{3m_0}k$

$\dfrac{d^2 E_V}{dk^2} = -\dfrac{4\hbar^2}{3m_0}$

$\therefore \quad m_h^* = -\dfrac{\hbar^2}{\dfrac{d^2 E_V}{dk^2}} = \dfrac{\hbar^2}{\dfrac{4\hbar^2}{3m_0}} = \dfrac{3}{4}m_0$

第 7 章

1. $E = \dfrac{k_B T}{q} = \dfrac{1.381 \times 10^{-23} \times 300}{1.602 \times 10^{-19}} = 0.02586$ [eV]

2. (1) $N_C = 2 \left(\dfrac{2\pi m_e^* k_B T}{h^2} \right)^{3/2} M_C$

    $= 2 \left(\dfrac{2\pi \times 0.33 \times 9.110 \times 10^{-31} \times 1.381 \times 10^{-23} \times 300}{(6.626 \times 10^{-34})^2} \right)^{3/2} \times 6$

    $= 2.86 \times 10^{25}$ [m^{-3}] $= 2.86 \times 10^{19}$ [cm^{-3}]

    $N_V = 2 \left(\dfrac{2\pi m_h^* k_B T}{h^2} \right)^{3/2}$

    $= 2 \left(\dfrac{2\pi \times 1.15 \times 9.110 \times 10^{-31} \times 1.381 \times 10^{-23} \times 300}{(6.626 \times 10^{-34})^2} \right)^{3/2}$

    $= 3.10 \times 10^{25}$ [m^{-3}] $= 3.10 \times 10^{19}$ [cm^{-3}]

   (2) $n_i = \left[N_C N_V \exp \left(-\dfrac{E_g}{k_B T} \right) \right]^{1/2} = \sqrt{N_C N_V} \exp \left(-\dfrac{E_g}{2 k_B T} \right)$

    $= \sqrt{2.86 \times 10^{19} \times 3.10 \times 10^{19}} \times \exp \left(-\dfrac{1.124}{2 \times 0.02586} \right)$

    $= 1.09 \times 10^{10}$ [cm^{-3}]

3. (1) 式 (7.15) より

    $p = \dfrac{n_i^2}{n} = \dfrac{(1.09 \times 10^{10})^2}{1 \times 10^{17}} = 1.19 \times 10^3$ [cm^{-3}]

   (2) $n = N_D = N_C \exp \left(-\dfrac{E_C - E_F}{k_B T} \right)$ より

    $E_C - E_F = k_B T \ln \left(\dfrac{N_C}{N_D} \right)$

    $= 0.02586 \times \ln \left(\dfrac{2.86 \times 10^{19}}{1 \times 10^{17}} \right)$

    $= 0.146$ [eV]

4. (1) $\left(\dfrac{m_h^*}{m_e^*} \right)^{3/2} = \dfrac{N_V}{N_C} = 10$

    $\therefore \dfrac{m_h^*}{m_e^*} = 10^{2/3} = 4.64$

   (2) 上

    $E_F - \dfrac{E_g}{2} = \dfrac{3}{4} k_B T \ln \left(\dfrac{m_h^*}{m_e^*} \right)$

    $= \dfrac{3}{4} \times 1.38 \times 10^{-23} \times 300 \times \ln(4.64)$

    $= 4.77 \times 10^{-21}$ [J] $= 0.0298$ [eV]

5. (1) n 型

(2) $n = \dfrac{IB}{qV_H d} = \dfrac{10 \times 10^{-3} \times 0.1}{1.6 \times 10^{-19} \times 3 \times 10^{-3} \times 0.01 \times 10^{-2}}$

$\quad = 2.08 \times 10^{22}$ [m^{-3}] $= 2.08 \times 10^{16}$ [cm^{-3}]

$\sigma = \dfrac{Il}{Vbd} = \dfrac{10 \times 10^{-3} \times 1 \times 10^{-2}}{1.5 \times 0.2 \times 10^{-2} \times 0.01 \times 10^{-2}}$

$\quad = 333$ [S/m] $= 3.33$ [S/cm]

$\mu_n = \dfrac{\sigma}{qn} = \dfrac{3.33}{1.6 \times 10^{-19} \times 2.08 \times 10^{16}} = 1.00 \times 10^3$ [cm^2/Vs]

第 8 章

1. GaAs：$\lambda = \dfrac{1239.8}{1.43} = 867$ [nm]

   ZnSe：$\lambda = \dfrac{1239.8}{2.67} = 464$ [nm]

2. (1) $k_x = \dfrac{2\pi}{a} = \dfrac{2\pi}{5.43 \times 10^{-8}} = 1.16 \times 10^8$ [cm^{-1}]

   (2) $k_m = 0.8 k_x = 9.26 \times 10^7$ [cm^{-1}]

   (3) $\lambda = \dfrac{1239.8}{1.12} = 1107$ [nm] $= 1.107$ [μm]

   $k_l = \dfrac{2\pi}{\lambda} = \dfrac{2\pi}{1.107 \times 10^{-4}} = 5.68 \times 10^4$ [cm^{-1}]

   (4) $\dfrac{k_m}{k_l} = \dfrac{9.26 \times 10^7}{5.68 \times 10^4} = 1.63 \times 10^3$

   $\dfrac{k_l}{k_m} = 6.13 \times 10^{-4}$

3. $I(x) = I_0 \exp(-\alpha x)$ より

   $x = -\dfrac{1}{\alpha} \ln\left(\dfrac{I(x)}{I_0}\right)$

   よって，$I(x) = 0.2 I_0$ となるためには

   $x = -\dfrac{1}{\alpha} \ln 0.2 = -\dfrac{1}{10^4} \ln 0.2 = 1.61 \times 10^{-4}$ [cm] $= 1.61$ [μm]

第 9 章

1. $x = \dfrac{4\pi \varepsilon_0 R^3}{Zq} E_l = \dfrac{\alpha_e E_l}{Zq} = \dfrac{1.43 \times 10^{-40} \times 10^4 \times 10^2}{18 \times 1.6 \times 10^{-19}}$

   $= 4.97 \times 10^{-17}$ [m] $= 4.97 \times 10^{-7}$ [Å]

2. (1) 1 [m^3] $= 10^6$ [cm^3] $= 10^3$ [l]

   $\therefore\ N = \dfrac{10^3}{22.4} \times 6.02 \times 10^{23} = 2.69 \times 10^{25}$ [個]

   (2) $P = N\alpha_e E_l = \varepsilon_0 (\varepsilon_r - 1) E_l$ より

   $\varepsilon_r = 1 + \dfrac{N\alpha_e}{\varepsilon_0} = 1 + \dfrac{2.69 \times 10^{25} \times 1.43 \times 10^{-40}}{8.85 \times 10^{-12}} = 1.000434$

第10章

1. $\chi_m = \dfrac{C}{T - T_C}$ より

$$C = \chi_m(T - T_C) = 2.5 \times 10^{-4}(900 - 770) = 0.0325$$

よって，800 [°C] における χ_m は

$$\chi_m = \dfrac{0.0325}{800 - 770} = 1.08 \times 10^{-3}$$

また，850 [°C] では

$$\chi_m = \dfrac{0.0325}{850 - 770} = 4.06 \times 10^{-4}$$

2. 体心立方格子中には 2 個の原子があるので

$$M = \dfrac{2 \times 2.04 \times 10^{-20}}{(2.86 \times 10^{-8})^3} = 1.74 \times 10^3 \; [\text{G/cm}^3]$$

第11章

1. $H_{c2} = H_{c2}(0)\left[1 - \left(\dfrac{T}{T_C}\right)^2\right]$ より

$$H_{c2}(0) = \dfrac{H_{c2}}{1 - \left(\dfrac{T}{T_C}\right)^2} = \dfrac{37}{1 - \left(\dfrac{4.2}{23.9}\right)^2} = 38.2 \; [\text{T}]$$

よって，T = 10 [K] では

$$H_{c2} = 38.2 \left[1 - \left(\dfrac{10}{23.9}\right)^2\right] = 31.5 \; [\text{T}]$$

2. $V = \dfrac{\hbar\omega}{2q} = \dfrac{h\nu}{2q} = \dfrac{6.63 \times 10^{-34} \times 10 \times 10^9}{2 \times 1.6 \times 10^{-19}} = 2.07 \times 10^{-5} \; [\text{V}] = 20.7 \; [\mu\text{V}]$

第12章

1. $\lambda = \dfrac{h}{\sqrt{2m^*E}} = \dfrac{6.63 \times 10^{-34}}{\sqrt{2 \times 0.1 \times 9.11 \times 10^{-31} \times 0.1 \times 1.6 \times 10^{-19}}}$
$= 1.23 \times 10^{-8} \; [\text{m}] = 123 \; [\text{Å}]$

2. $\nu = \dfrac{qLF}{h} = \dfrac{1.6 \times 10^{-19} \times 50 \times 10^{-10} \times 1 \times 10^6}{6.63 \times 10^{-34}}$
$= 1.21 \times 10^{12} \; [\text{Hz}] = 1.21 \; [\text{THz}]$

付　　　録

付録 1　基礎物理定数表

真空中の光速	c	3.00×10^8 m/s
電子の電荷	q	1.60×10^{-19} C
電子の静止質量	m_0	9.11×10^{-31} kg
真空の誘電率	ε_0	8.85×10^{-12} F/m
真空の透磁率	μ_0	1.26×10^{-6} H/m
プランク定数	h	6.63×10^{-34} Js
	$\hbar$	1.05×10^{-34} Js
ボルツマン定数	k_B	1.38×10^{-23} J/K
アボガドロ数	N_A	6.02×10^{23} mol^{-1}
気体定数	R	8.31 J/mol/K
熱の仕事当量	J	4.18 J/cal
ボーア半径	a_0	5.29×10^{-11} m
ボーア磁子	μ_B	9.27×10^{-24} J/T

付録 2　単位の接頭記号

10^{-1}	デシ	d	10	デカ	da
10^{-2}	センチ	c	10^2	ヘクト	h
10^{-3}	ミリ	m	10^3	キロ	k
10^{-6}	マイクロ	μ	10^6	メガ	M
10^{-9}	ナノ	n	10^9	ギガ	G
10^{-12}	ピコ	p	10^{12}	テラ	T
10^{-15}	フェムト	f	10^{15}	ペタ	P
10^{-18}	アト	a	10^{18}	エクサ	E

付録 3　ギリシャ文字

名　称	小文字	大文字	名　称	小文字	大文字
アルファ	α	A	ニュー	ν	N
ベータ	β	B	グザイ	ξ	Ξ
ガンマ	γ	Γ	オミクロン	o	O
デルタ	δ	Δ	パイ	π	Π
イプシロン	ε	E	ロー	ρ	P
ツェータ	ζ	Z	シグマ	σ	Σ
イータ	η	H	タウ	τ	T
シータ	θ	Θ	ユプシロン	υ	Υ
イオタ	ι	I	ファイ	ϕ	Φ
カッパ	κ	K	カイ	χ	X
ラムダ	λ	Λ	プサイ	ψ	Ψ
ミュー	μ	M	オメガ	ω	Ω

付録 4 元素の周期表

付録5 元素の電子配置

電子殻			K	L		M			N				O				P			Q
主量子数 (n)			1	2		3			4				5				6			7
方位量子数 (l)			0	0	1	0	1	2	0	1	2	3	0	1	2	3	0	1	2	0
電子軌道			1s	2s	2p	3s	3p	3d	4s	4p	4d	4f	5s	5p	5d	5f	6s	6p	6d	7s
周期	原子番号	原子																		
1	1	H	1																	
	2	He	2																	
2	3	Li	2	1																
	4	Be	2	2																
	5	B	2	2	1															
	6	C	2	2	2															
	7	N	2	2	3															
	8	O	2	2	4															
	9	F	2	2	5															
	10	Ne	2	2	6															
3	11	Na	2	2	6	1														
	12	Mg	2	2	6	2														
	13	Al	2	2	6	2	1													
	14	Si	2	2	6	2	2													
	15	P	2	2	6	2	3													
	16	S	2	2	6	2	4													
	17	Cl	2	2	6	2	5													
	18	Ar	2	2	6	2	6													
4	19	K	2	2	6	2	6		1											
	20	Ca	2	2	6	2	6		2											
	21	Sc	2	2	6	2	6	1	2											
	22	Ti	2	2	6	2	6	2	2											
	23	V	2	2	6	2	6	3	2											
	24	Cr	2	2	6	2	6	5	1											
	25	Mn	2	2	6	2	6	5	2											
	26	Fe	2	2	6	2	6	6	2											
	27	Co	2	2	6	2	6	7	2											
	28	Ni	2	2	6	2	6	8	2											
	29	Cu	2	2	6	2	6	10	1											
	30	Zn	2	2	6	2	6	10	2											
	31	Ga	2	2	6	2	6	10	2	1										
	32	Ge	2	2	6	2	6	10	2	2										
	33	As	2	2	6	2	6	10	2	3										
	34	Se	2	2	6	2	6	10	2	4										
	35	Br	2	2	6	2	6	10	2	5										
	36	Kr	2	2	6	2	6	10	2	6										
5	37	Rb	2	2	6	2	6	10	2	6			1							
	38	Sr	2	2	6	2	6	10	2	6			2							
	39	Y	2	2	6	2	6	10	2	6	1		2							
	40	Zr	2	2	6	2	6	10	2	6	2		2							
	41	Nb	2	2	6	2	6	10	2	6	4		1							
	42	Mo	2	2	6	2	6	10	2	6	5		1							
	43	Tc	2	2	6	2	6	10	2	6	5		2							
	44	Ru	2	2	6	2	6	10	2	6	7		1							
	45	Rh	2	2	6	2	6	10	2	6	8		1							
	46	Pd	2	2	6	2	6	10	2	6	10									
	47	Ag	2	2	6	2	6	10	2	6	10		1							
	48	Cd	2	2	6	2	6	10	2	6	10		2							
	49	In	2	2	6	2	6	10	2	6	10		2	1						
	50	Sn	2	2	6	2	6	10	2	6	10		2	2						
	51	Sb	2	2	6	2	6	10	2	6	10		2	3						
	52	Te	2	2	6	2	6	10	2	6	10		2	4						
	53	I	2	2	6	2	6	10	2	6	10		2	5						
	54	Xe	2	2	6	2	6	10	2	6	10		2	6						

電子殻			K	L		M			N				O				P			Q
主量子数 (n)			1	2		3			4				5				6			7
方位量子数 (l)			0	0	1	0	1	2	0	1	2	3	0	1	2	3	0	1	2	0
電子軌道			1s	2s	2p	3s	3p	3d	4s	4p	4d	4f	5s	5p	5d	5f	6s	6p	6d	7s
周期	原子番号	原子																		
6	55	Cs	2	2	6	2	6	10	2	6	10		2	6			1			
	56	Ba	2	2	6	2	6	10	2	6	10		2	6			2			
	57	La	2	2	6	2	6	10	2	6	10		2	6	1		2			
	58	Ce	2	2	6	2	6	10	2	6	10	1	2	6	1		2			
	59	Pr	2	2	6	2	6	10	2	6	10	3	2	6			2			
	60	Nd	2	2	6	2	6	10	2	6	10	4	2	6			2			
	61	Pm	2	2	6	2	6	10	2	6	10	5	2	6			2			
	62	Sm	2	2	6	2	6	10	2	6	10	6	2	6			2			
	63	Eu	2	2	6	2	6	10	2	6	10	7	2	6			2			
	64	Gd	2	2	6	2	6	10	2	6	10	7	2	6	1		2			
	65	Tb	2	2	6	2	6	10	2	6	10	9	2	6			2			
	66	Dy	2	2	6	2	6	10	2	6	10	10	2	6			2			
	67	Ho	2	2	6	2	6	10	2	6	10	11	2	6			2			
	68	Er	2	2	6	2	6	10	2	6	10	12	2	6			2			
	69	Tm	2	2	6	2	6	10	2	6	10	13	2	6			2			
	70	Yb	2	2	6	2	6	10	2	6	10	14	2	6			2			
	71	Lu	2	2	6	2	6	10	2	6	10	14	2	6	1		2			
	72	Hf	2	2	6	2	6	10	2	6	10	14	2	6	2		2			
	73	Ta	2	2	6	2	6	10	2	6	10	14	2	6	3		2			
	74	W	2	2	6	2	6	10	2	6	10	14	2	6	4		2			
	75	Re	2	2	6	2	6	10	2	6	10	14	2	6	5		2			
	76	Os	2	2	6	2	6	10	2	6	10	14	2	6	6		2			
	77	Ir	2	2	6	2	6	10	2	6	10	14	2	6	7		2			
	78	Pt	2	2	6	2	6	10	2	6	10	14	2	6	9		1			
	79	Au	2	2	6	2	6	10	2	6	10	14	2	6	10		1			
	80	Hg	2	2	6	2	6	10	2	6	10	14	2	6	10		2			
	81	Tl	2	2	6	2	6	10	2	6	10	14	2	6	10		2	1		
	82	Pb	2	2	6	2	6	10	2	6	10	14	2	6	10		2	2		
	83	Bi	2	2	6	2	6	10	2	6	10	14	2	6	10		2	3		
	84	Po	2	2	6	2	6	10	2	6	10	14	2	6	10		2	4		
	85	At	2	2	6	2	6	10	2	6	10	14	2	6	10		2	5		
	86	Rn	2	2	6	2	6	10	2	6	10	14	2	6	10		2	6		
7	87	Fr	2	2	6	2	6	10	2	6	10	14	2	6	10		2	6		1
	88	Ra	2	2	6	2	6	10	2	6	10	14	2	6	10		2	6		2
	89	Ac	2	2	6	2	6	10	2	6	10	14	2	6	10		2	6	1	2
	90	Th	2	2	6	2	6	10	2	6	10	14	2	6	10		2	6	2	2
	91	Pa	2	2	6	2	6	10	2	6	10	14	2	6	10	2	2	6	1	2
	92	U	2	2	6	2	6	10	2	6	10	14	2	6	10	3	2	6	1	2
	93	Np	2	2	6	2	6	10	2	6	10	14	2	6	10	4	2	6	1	2
	94	Pu	2	2	6	2	6	10	2	6	10	14	2	6	10	6	2	6		2
	95	Am	2	2	6	2	6	10	2	6	10	14	2	6	10	7	2	6		2
	96	Cm	2	2	6	2	6	10	2	6	10	14	2	6	10	7	2	6	1	2
	97	Bk	2	2	6	2	6	10	2	6	10	14	2	6	10	9	2	6		2
	98	Cf	2	2	6	2	6	10	2	6	10	14	2	6	10	10	2	6		2
	99	Es	2	2	6	2	6	10	2	6	10	14	2	6	10	11	2	6		2
	100	Fm	2	2	6	2	6	10	2	6	10	14	2	6	10	12	2	6		2

付録6　電磁波とエネルギーの換算表

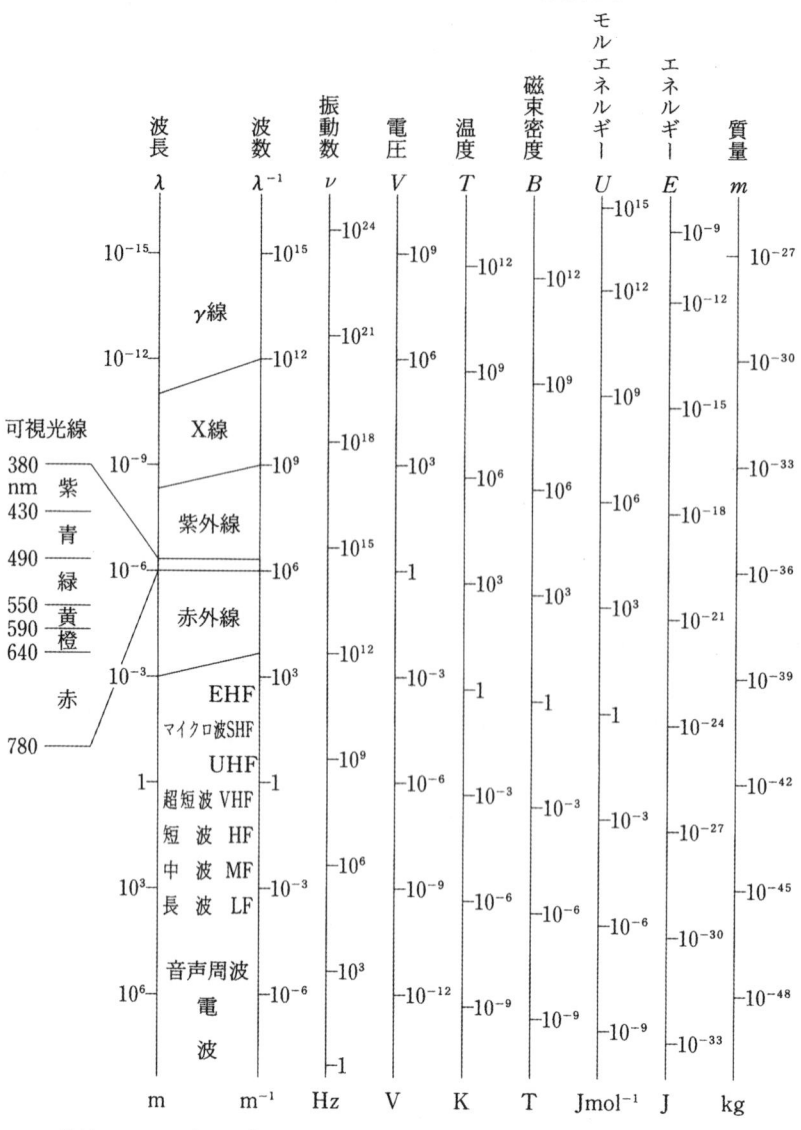

波長 λ (m)	波数 λ^{-1} (m^{-1})	振動数 ν (Hz)	電圧 V (V)	温度 T (K)	磁束密度 B (T)	モルエネルギー U (Jmol^{-1})	エネルギー E (J)	質量 m (kg)
10^{-15}	10^{15}	10^{24}	10^9	10^{12}	10^{12}	10^{15}	10^{-9}	10^{-27}
10^{-12}	10^{12}	10^{21}	10^6	10^9	10^9	10^{12}	10^{-12}	10^{-30}
10^{-9}	10^9	10^{18}	10^3	10^6	10^6	10^9	10^{-15}	10^{-33}
10^{-6}	10^6	10^{15}	1	10^3	10^3	10^6	10^{-18}	10^{-36}
10^{-3}	10^3	10^{12}	10^{-3}	1	1	10^3	10^{-21}	10^{-39}
1	1	10^9	10^{-6}	10^{-3}	10^{-3}	1	10^{-24}	10^{-42}
10^3	10^{-3}	10^6	10^{-9}	10^{-6}	10^{-6}	10^{-3}	10^{-27}	10^{-45}
10^6	10^{-6}	10^3	10^{-12}	10^{-9}	10^{-9}	10^{-6}	10^{-30}	10^{-48}
		1				10^{-9}	10^{-33}	

電磁波の区分: γ線, X線, 紫外線, 可視光線 (380 nm 紫, 430 青, 490 緑, 550 黄, 590 橙, 640 赤, 780), 赤外線, EHF, マイクロ波 SHF, UHF, 超短波 VHF, 短波 HF, 中波 MF, 長波 LF, 音声周波, 電波

換算のための式　$hc\lambda^{-1} = h\nu = qV = k_B T = \mu_B B = U N_A^{-1} = E = mc^2$

参考文献

1. 近角聰信『物性科学のすすめ』培風館 (1977)
2. 近角聰信『続・物性科学のすすめ』培風館 (1980)
3. 生駒 明，三浦 登『続々・物性科学のすすめ』培風館 (1985)
4. 原島 鮮『初等量子力学 (改訂版)』裳華房 (1986)
5. 高橋 清，國岡昭夫『電子物性』昭晃堂 (1978)
6. 花村榮一『固体物理学』裳華房 (1986)
7. 溝口 正『物性物理学』裳華房 (1989)
8. 坂田 亮『物性科学』培風館 (1989)
9. 電気学会編『電子物性基礎』オーム社 (1990)
10. 宮入圭一『電子物性の基礎』森北出版 (1993)
11. キッテル (宇野，津屋，森田，山下訳)『固体物理学入門 (第 6 版) 上・下』丸善 (1988)
12. ザイマン (山下，長谷川訳)『固体物性論の基礎 (第 2 版)』丸善 (1976)
13. 高橋 清『半導体工学 (第 2 版)』森北出版 (1993)
14. 小長井 誠『半導体物性』培風館 (1992)
15. S.M.Sze *"Physics of Semiconductor Devices 2nd. Edition"*, John Wiley & Sons, Inc. (1981)
16. 工藤恵栄『光物性の基礎 (改訂 2 版)』オーム社 (1990)
17. バレット，ニックス，テテルマン (堂山，井形，岡村訳)『材料科学 3』培風館 (1980)
18. 作道恒太郎『固体物理—磁性・超伝導』裳華房 (1993)
19. 伊藤英雄，戸叶一正『超伝導材料』東京大学出版会 (1987)
20. 山香英三，太刀川恭治，一ノ瀬昇『高温超伝導入門』オーム社 (1989)
21. 日本物理学会編『半導体超格子の物理と応用』培風館 (1984)
22. 小長井 誠『半導体超格子入門』培風館 (1987)
23. 生駒俊明，生駒英明『化合物半導体の基礎物性入門』培風館 (1991)
24. 日本物理学会編『量子力学と新技術』培風館 (1987)
25. 福山秀敏『物性物理の新概念』培風館 (1988)

さくいん

英数字

1 次元量子井戸　125
2 次元量子井戸　125
3 次元量子井戸　125
BCS 理論　117
DH レーザ　89
FET　78
GLAG 理論　117
LS 結合　105
MOS 構造　79
MOS トランジスタ　79
n 型半導体　66
pn 積　66
pn 接合ダイオード　74
p 型半導体　68
sp^3 混成軌道　3
SQUID　121
X 線回折法　12

あ 行

アインシュタイン温度　23
アインシュタインの理論　22
アクセプタ　68
アクセプタ準位　68
暗導電率　86
イオン結合　2
イオン分極　96
イオン分極率　97
位相速度　16
移動度　31
井戸型ポテンシャル　38
井戸層　125
渦糸　117

運動量保存則　84
永久磁気双極子　105
永久磁気モーメント　105, 107
永久双極子モーメント　97
永久電流　114
エネルギーギャップ　116
エネルギーの量子化　35
エネルギー保存則　84
エミッタ　78
音響モード　19

か 行

角運動量の量子化　35
拡散定数　76
拡散長　76
拡散電位　74
価電子帯　59, 61
価電子帯の有効状態密度　65
還元領域表示　55
完全反磁性　114
緩和時間　31
規格化　37
基礎吸収　83
基礎吸収端　83
軌道角運動量　104
軌道磁気モーメント　103
逆バイアス　75
逆方向飽和電流　77
キャリア　29
キャリア密度　64, 69
吸収係数　82
キュリー・ヴァイスの法則　110
キュリー温度　109
キュリー定数　107

キュリーの法則	107		
強磁性	106		
強磁性体	107		
共有結合	3		
局所電界	93		
局所電界定数	93		
極性分子	97		
巨視的電界	93		
許容帯	53		
禁制帯	53		
金属結合	4		
金属結晶	4		
金属の自由電子論	46		
空間格子	5		
空間充填率	9		
空乏層	74		
屈折率	82		
クーパー対	116		
グリューナイゼンの公式	33		
クローニッヒ・ペニーモデル	52, 131		
クーロンポテンシャル	41		
群速度	16, 56		
ゲート	79		
高温超伝導体	121		
光学モード	19		
交換相互作用	108, 110		
格子定数	5		
格子点	5		
格子方向	6		
格子面	6		
合成緩和時間	33		
合成抵抗率	33		
交流ジョセフソン効果	120		
黒体放射	35		
古典論	22		
コヒーレント光	88		
固有関数	37		
固有値	37		
コレクタ	78		
混合状態	117		

さ 行

最適負荷抵抗	87
最密充填構造	9, 10
酸化物超伝導体	121
残留抵抗率	34
残留磁化	108
磁化	102
磁化曲線	108
磁化飽和	107
磁化率	102
時間を含まない波動方程式	37
磁気バブル	111
磁気モーメント	102
磁極	102
磁気量子数	42
磁区	108
軸角	5
自発磁化	108
周期的境界条件	46
自由電子	29
縮退	44
縮退因子	69
縮退半導体	72
寿命	76
主量子数	43
シュレディンガーの波動方程式	37
シュレディンガー方程式	37
順バイアス	74
準粒子	20
常磁性	105, 107
少数キャリア	68
状態密度	48, 50, 127
状態密度有効質量	65
障壁層	125
消衰係数	82
ジョセフソン効果	119
磁歪効果	111
真空の透磁率	102
真空の誘電率	91
真性キャリア密度	66

真性半導体　63
真電荷　92
スピネル構造　110
スピン　43
スピン量子数　104
正孔　59
正孔密度　64
正四面体構造　11
整流作用　77
双極子分極　98
双極子分極率　100
双極子モーメント　92
ソース　79
ゾンマーフェルトの自由電子論　46

た　行

第1種超伝導体　117
第1ブリルアンゾーン　16, 55
第2種超伝導体　117
体心格子　9
太陽電池　86
多数キャリア　68
ダブルヘテロ接合レーザ　89
単位格子　5
単位胞　5
単純格子　9
チャネル　79
超格子　129
超伝導送電　118
超伝導マグネット　118
超伝導量子干渉計　121
調和振動　15
直流ジョセフソン効果　119
抵抗率　32
底心格子　9
定積比熱　22
デバイス　74
デバイのT^3則　26
デバイの特性温度　26
デバイの理論　22

デュロン・プティの経験的法則　22
電界効果トランジスタ　78
電荷中性条件　69
電気感受率　92
電子親和力　129
電子分極　95
電子分極率　96
電子密度　50, 64
電束密度　92
伝導帯　61
伝導帯の有効状態密度　65
電流増幅率　78
電流密度　32
等価な伝導帯の極小点の数　65
透磁率　103
導電率　32
ドナー　66
ドナー準位　67
ド・ブロイ波　36
トランジスタ　78
ドリフト速度　30
ドレイン　79
トンネル効果　39

な　行

内部電界　93
二重性　20
熱伝導　27
熱伝導率　27
ネール温度　110

は　行

配向分極　98
配向分極率　100
バイポーラトランジスタ　78
パウリの排他律　43
波数　15
波動関数　37
波動性　20, 35, 36
ハミルトニアン　37

反強磁性　106
反強磁性体　110
半金属　61
反磁性　105, 106
反磁性電流　114
反射係数　81, 82
反射の次数　12
反電界　94
反転分布　88
半導体レーザ　88
光起電力効果　86
光導電効果　86
光導電率　86
光量子説　35
ヒステリシス特性　121
ヒステリシスループ　108
比透磁率　103
比熱　22
微分負性抵抗　133
比誘電率　91
ファン・デル・ワールス引力　5
ファン・デル・ワールス結合　5
フェライト　110
フェリ磁性　106
フェリ磁性体　110
フェルミエネルギー　49
フェルミ温度　51
フェルミ速度　51
フェルミ・ディラック分布　49, 50
フェルミ統計　116
フェルミ波数　51
フェルミ粒子　116
フェルミレベル　49
フォトセル　86
フォトダイオード　86
フォトン　35
フォノン　20
フォノンの状態密度　25
不確定性原理　20, 36
複素誘電率　100

物質波　36
ブラッグ角　12
ブラッグの回折条件　12
ブラッグ反射　17, 55, 58, 132
ブラベー格子　8
プランク定数　35
プランク分布　20
ブロッホ振動　58, 132
ブロッホの定理　53
分極　92
分極電荷　92
分散関係　16
フントの規則　105
ベース　78
ヘテロ接合　124
ペニーモデル　131
ボーア磁子　104
ボーア半径　43
方位量子数　42
飽和磁化　108
飽和領域　70
保磁力　108
ボーズ・アインシュタイン統計　116
ボーズ・アインシュタイン分布関数　116
ボーズ凝縮　116
ボーズ粒子　116
ホール係数　73
ホール効果　72
ホール電圧　72

ま 行

マイスナー効果　114
マクスウェル・ボルツマン分布　64
マティーセンの法則　33
ミニゾーン　132
ミニバンド　131
ミラー指数　6
面心格子　9

や 行

有効質量　57

誘電損　101
誘電分散　100
誘電率　91

ら 行

ライフタイム　76
ラプラシアン　42
ランジュバン関数　99
ランデの g 因子　105
離散化　35
離散的　39
理想結晶　58
粒子性　20, 35, 36
量子井戸構造　125

量子化　35
量子効果　125
量子サイズ　125
量子細線　125
量子箱　125
臨界温度　113
臨界磁界　114
臨界電流密度　120
レーザ　88
レンツの法則　106
ローレンツ電界　95
ローレンツの方法　93
ロンドンの侵入距離　115

著者略歴

松澤　剛雄（まつざわ・たけお）
　1956 年　東京工業大学理工学部電気工学科卒業
　1979 年　工学博士（東京工業大学）
　現　在　帝京科学大学名誉教授

高橋　清（たかはし・きよし）
　1957 年　東京工業大学理工学部電気工学科卒業
　1962 年　東京工業大学大学院理工学研究科博士課程修了
　　　　　工学博士
　現　在　東京工業大学名誉教授

斉藤　幸喜（さいとう・こうき）
　1985 年　山梨大学工学部電子工学科卒業
　1990 年　東京工業大学大学院理工学研究科博士課程修了
　　　　　工学博士
　現　在　帝京科学大学理工学部生命科学科教授

新版 電子物性　　　© 松澤剛雄・高橋　清・斉藤幸喜 2010

1995 年 1 月 20 日　第 1 版第 1 刷発行	【本書の無断転載を禁ず】
2008 年 3 月 10 日　第 1 版第 15 刷発行	
2010 年 2 月 15 日　新版第 1 刷発行	
2022 年 3 月 10 日　新版第 13 刷発行	

著　者　松澤剛雄・高橋　清・斉藤幸喜
発行者　森北博巳
発行所　森北出版株式会社
　　　　東京都千代田区富士見 1-4-11（〒102-0071）
　　　　電話 03-3265-8341 ／ FAX 03-3264-8709
　　　　https://www.morikita.co.jp/
　　　　日本書籍出版協会・自然科学書協会　会員
　　　　JCOPY ＜（一社）出版者著作権管理機構　委託出版物＞

落丁・乱丁本はお取替えいたします　　印刷／エーヴィス・製本／協栄製本

Printed in Japan ／ ISBN978-4-627-77202-1

MEMO